专家答疑解惑蜂王浆

许正鼎　编著

U0255620

中国农业出版社

北　京

图书在版编目（CIP）数据

专家答疑解惑蜂王浆 / 许正鼎编著 . —北京：中
国农业出版社，2021.10
ISBN 978-7-109-28506-4

Ⅰ . ①专… Ⅱ . ①许… Ⅲ . ①蜂乳－基本知识
Ⅳ . ①S896.3

中国版本图书馆 CIP 数据核字（2021）第 137006 号

专家答疑解惑蜂王浆
ZHUANJIA DAYI JIEHUO FENGWANGJIANG

中国农业出版社出版
地址：北京市朝阳区麦子店街 18 号楼
邮编：100125
责任编辑：吕　睿
版式设计：杜　然　　责任校对：吴丽婷
印刷：中农印务有限公司
版次：2021 年 10 月第 1 版
印次：2021 年 10 月北京第 1 次印刷
发行：新华书店北京发行所
开本：880mm×1230mm　1/32
印张：8.75　　插页：2
字数：300 千字
定价：49.80 元

前 言
Foreword

蜜蜂是自然界的小生灵，为人类提供了蜂王浆、蜂胶、蜂蜜、蜂花粉等大量纯天然产品，造福人类的健康事业，被称为"人类健康之友"。

蜂王浆是蜜蜂王国亿万年进化的结晶，是一种十分珍稀的纯天然产品，具有复杂而神奇的化学成分，富含多种蛋白类、维生素类、脂肪酸类、微量元素等生物活性物质，具有良好的增强免疫、抗菌消炎抗氧化、降血糖、降血脂等作用，近年来受到众多消费者的青睐和推崇，不仅畅销全国，而且风靡世界。

为使我国蜂王浆产业持续、稳定、健康地向前发展，打击假冒伪劣蜂王浆产品，切实保护消费者的利益，我们将蜂王浆知识和国内外对蜂王浆的研究成果汇集整理成册，奉献给大家。通过阅读此书，希望各位读者能够科学地认识和使用蜂王浆，体验蜂王浆的神奇功效，改善自身的体质，促进健康。

在本书编写过程中，我们尽量以科学而通俗的语言，把读者关心的各种知识、各类问题全部写出。由于我们的水平和掌握的资料有限，书中错误之处在所难免，恳请大家批评指正，以便我们修改完善。

目 录
Contents

Chapter 1
第一章
蜂王浆的基本知识

一、 天然蜜蜂产品的来源及其分类

蜜蜂产品是蜜蜂的派生产物，按其来源和形成的不同可以分为三大类。

1. 自然界中的采集物　具体包括蜂蜜、蜂花粉、蜂胶等。

（1）蜂蜜。蜂蜜是蜜蜂从开花植物的花中采得的花蜜在蜂巢中酿制的"甜品"。蜜蜂把从植物的花中采集的含水量约为80％的花蜜或分泌物存入自己的蜜囊中，在体内转化酶的作用下，经过30分钟的发酵，回到蜂巢中吐出。蜂巢内温度经常保持在35℃左右，经过一段时间，花蜜或分泌物水分蒸发，成为含水量少于20％的成熟蜂蜜，蜜蜂将其存贮到巢房中，用蜂蜡密封。

蜂蜜的主要成分是葡萄糖和果糖，除此之外，还含有各种维生素、氨基酸和矿物质等。

蜂蜜是糖的过饱和溶液，低温时会产生结晶，形成结晶的主要原因是蜂蜜中含有花粉粒等晶核，当然也与温度、葡萄糖与果糖的含量比等有关。

蜂蜜是蜜蜂的主要食粮，是蜂群的热能源泉，1千克的蜂蜜大约含有 2 940 卡[①]的热量。

（2）蜂花粉。蜂花粉是蜜蜂从植物花中采集的花粉（植物的遗传物质，相当于动物的精子）经蜜蜂加工成的花粉团。它是有花植物雄蕊中的雄性生殖细胞，不仅携带着生命的遗传信息，而且包含着孕育新生命所必需的全部营养物质，是植物传宗接代的根本，是蜜蜂分泌蜂王浆的主要营养来源。

蜂花粉是蜂群饲料中蛋白质、脂肪等的主要来源，处于发育阶段的大幼虫、幼蜂依靠蜂花粉与蜂蜜的合成物"蜂粮"生活。

蜂花粉被誉为"全能的营养食品""全能的营养库""内服的化妆品""浓缩的氨基酸"等，是"人类天然食品中的瑰宝"。

（3）蜂胶。蜂胶是蜜蜂从植物芽孢或树干上采集的树脂（树胶），混入蜜蜂口腔中腺体的分泌物，再和花粉、蜂蜡加工制成的一种胶状物质，是蜂群健康的保护伞。一个拥有 5 万～6 万只蜜蜂的蜂群，一年只能生产 100～150 克蜂胶。世人将蜂胶誉为"紫色软黄金"。

2. 蜜蜂自身的分泌物　具体包括蜂王浆、蜂毒、茧衣、蜂蜡等。

（1）蜂王浆。蜂王浆又称蜂皇浆、蜂乳、蜂王乳等，是蜂群中 6～12 日龄的青年工蜂王浆腺、咽腺等的分泌物。新鲜蜂王浆是呈乳白色或淡黄色的黏稠液体，黏滞性强，具有微香微甜味，并附有微酸、微涩、微辣的特殊味道。

蜂王浆是供给将要变成蜂王的幼虫的高级食物，也用于饲喂蜂王幼虫房内或 3 日龄以内的工蜂、雄蜂幼虫房内以作为饲料，或直接喂给蜂王。

蜂王浆含有大量高蛋白、有机酸、维生素和乙酰胆碱等活

---

① 卡为非法定计量单位，1 卡＝4.186 8 焦。——编者注

性营养成分，但稳定性较差，容易受到光、热和其他化学物质的影响和破坏，若暴露在空气中或长时间受日光照射，其颜色变化较快，会由白色变成淡黄，最后成褐色，发酵变质，故鲜蜂王浆一定要在避光的冷冻条件下保存。此外，蜂王浆不宜用热开水或茶水冲服。

（2）蜂毒。蜂毒是工蜂毒腺和副腺分泌出的具有芳香气味的透明液体，贮存在毒囊中，螫刺时由螫针排出。它的主要成分为低分子蛋白溶血肽及磷酸酯酶和组胺等。

蜂毒具有特殊的芳香气味，味苦，呈酸性反应，pH 为 5.0～5.5，比重为 1.131 3。在常温下，蜂毒会很快挥发干燥至原来液体重量的 30%～40%。这种挥发物的成分至少含有 12 种以上的可用气相色谱法分析鉴定的成分，包括以乙酸异戊酯为主的报警激素，由于其在采集和精制过程中极易散失，因而通常在述及蜂毒的化学成分时被忽略。蜂毒极易溶于水、甘油和酸，不溶于酒精。在严格密封的条件下，即使在常温下，蜂毒的活性也可数年不变。

（3）蜂蜡。蜂蜡是工蜂腹部下面 4 对蜡腺分泌的物质。其主要成分有酸类、游离脂肪酸、游离脂肪醇和糖类，此外，还有类胡萝卜素、维生素 A、芳香物质等。

蜂蜡在蜂巢内的主要作用是修造蜂房。对人类来说，蜂蜡具有广泛的用途。在化妆品制造业，许多美容用品都含有蜂蜡，如洗浴液、口红、胭脂等；在蜡烛加工业中，以蜂蜡为主要原料，可以制造各种类型的蜡烛；在医药工业中，蜂蜡可用于制造牙科铸造蜡、基托蜡、粘蜡、药丸的外壳；在食品工业中，蜂蜡可用作食品的涂料、包装和外衣等；在农业及畜牧业中，蜂蜡可用作制造果树接木蜡和害虫黏着剂；在养蜂业中，蜂蜡可制造巢础、蜡盏等。

3. 蜜蜂自身生长发育中各虫态的躯体　这里主要包括蜂

王幼虫以及雄蜂幼虫、雄蜂蛹等。

（1）蜂王幼虫。蜂王幼虫又称蜂子、蜂胎，蜂王胎，是由蜜蜂的受精卵孵化而成的 3—5 日龄的幼虫体，其一直食鲜蜂王浆发育，也是蜂王浆生产过程中的必然产品或副产品。

蜂王幼虫浸躺在蜂王浆上发育，体表粘有蜂王浆，体内有吸入和尚未消化的蜂王浆，成分与蜂王浆接近，生理、药理作用与蜂王浆相似。

①蜂王幼虫的主要成分。新鲜的蜂王幼虫平均含水 77%，灰分 3.02%，蛋白质、游离氨基酸 10.25%，蛋白质中谷氨酸和天门冬氨酸含量之和大于 20%，粗脂肪 3.17%～5.82%，含糖 7.65%，其中主要是葡萄糖，维生素含量丰富，包括维生素 A、维生素 B、维生素 C、维生素 D、维生素 E，特别是维生素 D，含量达 0.579 毫克/100 克。此外，还含有丰富的酪氨酸酶、超氧化物歧化酶（SOD）、保幼激素和蜕皮激素等。

②蜂王幼虫的成分特点。蜂王幼虫的化学成分与蜂王浆接近，但不同之处在于：A. 具有更高的活性，如含有特别丰富的酪氨酸酶、超氧化物歧化酶（SOD）、保幼激素和蜕皮激素；B. 维生素 D 含量特别高，为鱼肝油的 13～60 倍；C. 含有更高的水分，含水量为 78%～82%；D. 糖分较低，含糖量为 7.65%；E. 蜂王幼虫体壁含有约 60% 的几丁多糖甲壳素。

（2）雄蜂幼虫。雄蜂幼虫由蜂王在雄蜂房产的未受精卵孵化而成，由于雄蜂幼虫以吸收蜂王浆、花粉、蜂蜜发育而成，具有很高的营养价值，是十分理想的高级营养食品。近几年对其功能的报道越来越多，但国内外对其是否具有不良影响少见报道，邵有全等虽对其急性毒性做了研究，但不够精确。因此有必要对其安全食效性进行系统研究，以便使人们更进一步了解和利用这一珍品。

对蜜蜂雄蜂幼虫安全食效性进行了研究，结果表明：急性毒性试验，10.0 克/千克、21.5 克/千克、46.4 克/千克、100 克/千克 4 个剂量，24 小时内多次给样，各组均未发生死亡现象，解剖未发现任何异常；骨髓微核试验和小鼠精子畸变试验结果显示，雄蜂幼虫在试验剂量下不具有遗传毒性。

雄蜂幼虫含有丰富的蛋白质、游离氨基酸、维生素、微量元素及对人体具调节作用的活性物质，如酶、核酸、激素、黄酮等，因此，雄蜂幼虫是十分理想的营养品。

（3）蜂蛹。蜂蛹主要包括工蜂蛹和雄蜂蛹。雄蜂蛹是蜂王在雄蜂房产的未受精卵，经孵化成幼虫，经过 7 天的生长发育进入蛹期（11～12 日龄），是蜜蜂雄性幼虫封盖后到羽化出房前这一变态时期的营养体。雄蜂蛹的躯体呈乳白色或浅黄色，翅足游离，复眼初呈白色，逐渐转变为浅蓝色至深褐色，具有新鲜蛹的特殊腥味，无异味。

其成分因日龄和饲料来源不同，存在一定差异。经分析测试，22 日龄的雄蜂蛹含营养物质最丰富，其主要成分为：蛋白质 20.3%、糖类 19.5%、微量元素 0.5%、脂肪 7.5%、灰分 9.5%。

雄蜂蛹富含蛋白质、维生素和微量元素等多种营养物质，是理想的营养食物。尤其是维生素 A 的含量，大大超过牛肉，仅次于鱼肝油，而维生素 D 则超过鱼肝油数倍。

蜂蛹既可作为食品，又可作为营养品。首先，它可以作为高级菜肴出现在宾馆、饭店的餐桌上；其次，也可将蜂蛹制成罐头出售，或制成雄蜂蛹口服液、雄蜂蛹冻干粉、雄蜂蛹软胶囊等。

除上述三大类天然蜂产品外，市场上还出现了大量以这些产品为原料或辅料加工的各种食品、保健品、药品、日化产品等。

蜜蜂是人类健康之友

二、 各种天然蜜蜂产品对人体健康的作用

1. 蜂蜜的功效 蜂蜜中的酶可以帮助人体消化、吸收，还有益于人的心脑血管，对睡眠也有好处。

2. 蜂王浆的功效 蜂王浆中含有大量的营养素，经常食用能改善营养不良的状况，其含有的免疫球蛋白，能提高人体免疫力。长期服用蜂王浆，还可以预防心脑血管疾病。

3. 蜂花粉的功效 蜂花粉含有多种生物活性物质，具有一定的增强体力和耐力的作用。蜂花粉对糖尿病、肾结石、神经衰弱、气管炎以及前列腺炎和心血管疾病等都有一定的防治作用。

4. 蜂胶的功效 蜂胶具有一定的抗氧化、抗疲劳、降血脂、降血糖、降血压、降胆固醇、增强免疫、清除自由基、美容、促进组织再生等作用。

5. 蜂毒的功效　蜂毒对神经系统具有抑制作用，有助于预防动脉粥样硬化和血栓形成，还可抑制炎症、肿胀，刺激垂体-肾上腺系统，对胶原组织疾病、免疫系统疾病也有一定的辅助治疗作用。蜂毒对风湿性关节炎、类风湿性关节炎、强直性脊柱炎、坐骨神经痛、颈椎病、腰椎间盘病变、三叉神经痛、神经炎、偏头痛、支气管哮喘、荨麻疹、过敏性鼻炎、骨关节疼等有一定的缓解作用。

6. 蜂蜡的功效　蜂蜡具有解毒、敛疮、生肌、止痛之功效，常用于溃疡不敛、臁疮糜烂、外伤破溃、烧烫伤。

7. 雄蜂蛹的功效　雄蜂蛹含有几丁多糖、保幼激素等多种特殊营养成分，具有提高身体免疫力，提高细胞活性，促进新陈代谢，调节神经系统，延缓衰老和抗癌、抗细胞突变的作用。尤其对男性肾虚肾衰、性功能低下有明显的食疗作用。

医学证明，雄蜂蛹具有很高的营养价值，不仅能扶体轻身，使人精神焕发、皮肤亮泽、头发黑亮，而且还对体质虚弱、失眠健忘有很大帮助。

蜂产品作用奇特、效果显著，令世人叹为观止，更被视为人间珍品、物中精华。如今，蜂产品已被广泛应用于食品、医药、保健、化工等领域。随着科技的不断发展，蜂产品更多神奇的功能将被一一揭开，蜂产品将为人类的健康事业做出更大的贡献。

三、 什么是蜂王浆， 它是怎样产生的

蜂王浆简称王浆，是蜂群中5～15日龄的幼年工蜂头部咽下腺和上颚腺共同分泌出来的一种呈白色或淡黄色的微黏稠、半透明乳浆状物质，形似奶油，具有酸、涩、辣、甜及特殊芳香气味。具体讲，它是蜜蜂把从各种花上采集到的花蜜和花粉

（植物的精细胞）酿造加工成蜂蜜和蜂粮后，再经幼蜂取食、消化分解和体内极其复杂的生理生化过程而从头部两串非常发达的葡萄状腺体中分泌出来的极微量物质。

因蜂王在整个发育过程以及成蜂后终生以此为食，故称其为蜂王浆。有人形象地将蜂王浆比作蜜蜂王国中的"御膳"。

蜂王浆是蜜蜂分泌的，而不是酿造的。工蜂将食用的蜂蜜和蜂粮在消化道内充分消化、吸收后，转化为营养源进入头部，再由此腺体进一步升华转化为蜂王浆分泌出来。工蜂分泌蜂王浆，和哺乳动物吃了饲料和草后分泌乳汁是一样的道理，因此，人们还将这种蜜蜂分泌的"乳汁"称为蜂皇乳、蜂乳、王乳等。

蜂王浆是一种乳状液体，专门用来哺喂小幼虫和供给蜂王享用。就其对蜂群本身和人类健康而言，它堪称是一种升华了的高浓缩全价营养物质，被赞誉为"长寿因子"。

四、 蜂王浆在蜜蜂王国中的神奇作用

大家知道，在蜜蜂王国中，有 3 种不同的个体：一只蜂王，数百只雄蜂和数万只工蜂（大家通称的蜜蜂）。蜂王是蜂群中唯一发育完全的雌性蜂，或者说是唯一具有生殖能力的蜜蜂，它的主要职责是生育后代。

蜂王往往会根据需要，在不同的蜂房中分别产下两种不同的卵：在工蜂房和王台基里产下受精卵，在雄蜂房中产下未受精卵。这些卵会在 3 日后孵化成小幼虫，在此后的 3 日内皆被饲喂鲜蜂王浆。从第 4 日起，只有王台基中的幼虫一直被饲喂蜂王浆，最后发育成尊贵的蜂王，而工蜂房和雄蜂房中的大幼虫则被饲喂蜂蜜和蜂粮的化合物，前者发育成"平民劳动者"——工蜂，后者发育成雄蜂。

最具神秘色彩的当数蜂王与工蜂的发育。同一粒受精卵，产在不同的蜂房中，命运完全不同。如果这粒受精卵产在王台基中，这就相当于一个人降生在皇宫中一样，在整个发育过程中全部享受"特别待遇"，被饲喂高级营养物——鲜蜂王浆；如果该受精卵产在工蜂房中，孵化成幼虫后，只有在"婴儿"期享用蜂王浆，此后只能以蜂蜜和蜂粮为食，结果导致发育不良，成长为没有生育能力的雌性蜂——工蜂。可见，蜂王浆是蜜蜂王国的"婴儿食品"，故蜂王浆普被称为"蜂乳"。

更神奇的是，蜂王是一个蜂群中唯一发育完全的雌性个体，承担着"生儿育女"这一重要职责，也是所有成员的母亲。没有蜂王，这群蜜蜂就面临灭群了。因此，在蜜蜂王国里，在所有成年蜜蜂中，只有蜂王在繁殖季节被饲喂新鲜的蜂王浆，故有人也把它称为"蜂皇浆"。蜂王浆几乎是蜂王终生享用的唯一食物，有人形象地将蜂王浆比喻为蜜蜂王国的专用"御膳"。

由于蜜蜂对蜂王关爱有加，蜂王终生以新鲜蜂王浆为食，创造了多个自然奇迹！

1. 蜂王每年连续数月，每天 24 小时工作不休息。

2. 一只蜂王一昼夜 24 小时能吃下超过自身体重 1 倍的鲜蜂王浆，能产 1 500～2 000 个卵，这些卵的总重量会超过自身体重的 1 倍。

3. 每年（按 7—8 个月计算）一只蜂王所产的卵的总重量会是自身体重 400～500 倍，终生（平均按 5 年计算）所产的卵的总重量会是自身体重 2 000～2 500 倍。

4. 一只蜂王一生中大约能生产 160 万～240 万个健康的蜜蜂后代。换言之，这相当于一个"母亲"在五年中能生产超过百万儿女。

这是蜜蜂王国创造的世间奇迹，更是蜂王浆所创造的奇迹！

蜂王浆是蜜蜂王国的"御膳"

五、 从蜂王与工蜂的寿命看蜂王浆的作用

如上所述，蜂王和工蜂都是由受精卵发育的，摄入食物的差异不仅导致了其发育完全程度的不同，而且蜂王和工蜂的体格也存在巨大差异：蜂王的体长是工蜂的 2 倍，体重是工蜂的 2～3 倍。

蜂王的一生几乎都以蜂王浆为食，故其有旺盛的生育力。别的不讲，单凭生育这一点来讲，蜂王就创造了许多世间奇迹。

蜂王的体力消耗巨大。长此以往，难免会积劳成疾，引起早衰折寿。试想，如果没有蜂王浆这种高营养、高能量的"御膳"提供，恐怕蜂王连一天也坚持不了。

工蜂一生以食用蜂蜜和蜂粮为主，在蜜蜂的生产季节，由于日夜忙碌，十分辛苦，一般寿命只有 40～50 天。而天天以蜂王浆为食的蜂王，即使承受上述繁重的劳动，身体却十分健康，寿命一般可达 5～6 年之久，一些蜂王寿命甚至长达 8～

10 年。遗传物质几乎完全相同的两个个体，由于后天食物的差异，寿命竟然相差 40 倍以上，这在整个生物界中都是绝无仅有的。

蜂王浆是迄今为止人类能够找到，并被实践证明的唯一延年益寿的纯天然产品。

迄今为止，无论是我们从自然界找到的各种天然物质，还是利用现代科技所创造的人工合成产品，唯一能够延长同类个体数十倍寿命的物质只有蜂王浆。正因为如此，蜂王浆被世界公认为"抗衰老、延年益寿"的上佳食品。

神秘的蜂王浆，曾激起多少科研人员的兴趣，曾让多少专家为之日夜奋战，相信有朝一日，蜂王浆抗衰老等作用的机理会大白于天下，会为人类的健康长寿带来福音。

六、 我们如何生产蜂王浆

在自然状态下，一群蜜蜂中只有一只蜂王，当蜂王日益衰老、产卵能力下降时，蜂群就开始建造几个供蜂王发育的特殊蜂房——王台基，准备培育新的蜂王接替老蜂王的位置。当蜂群不断繁殖壮大后，蜂巢内往往会变得拥挤不堪，就会出现"分蜂热"，而此时外界能为蜂群提供丰富充足的食物，使蜂群中出现了大量的幼龄工蜂，哺育力过剩，蜜蜂便会逼迫蜂王在王台基中产下受精卵，待卵孵化为小幼虫后，工蜂就一直给它饲喂大量鲜蜂王浆，幼虫便快速生长发育，后经化蛹，几天后，新的蜂王就应运而生了。

研究发现，蜂王在王台基和工蜂房中皆产下受精卵，而且3日龄以内的幼虫都以蜂王浆为食，唯一不同的是，喂给蜂王台中幼虫的蜂王浆是同日龄工蜂房幼虫的好多倍。人们正是有效利用蜂群这一生物学特性来生产蜂王浆的。

首先，人工模仿王台的形状造众多蜡质或塑料王台基，再用移虫针将1日龄以内的工蜂幼虫移入人工制作的王台基中，并将其置于蜂群中，泌浆工蜂误以为其是蜂王产卵孵化的幼虫，便将其视为准蜂王的幼虫加以关照，立即供给大量的鲜蜂王浆。

我们已经知道，蜂王幼虫在整个发育过程吃的都是鲜蜂王浆，并且供给量十分充足，远远超过供给工蜂与雄蜂幼虫的鲜蜂王浆数量。当移虫60～72小时后，王台中的蜂王浆堆积量最多、质量最好，我们便可采收了。

取浆时，用不锈钢或竹制镊子将蜂王幼虫夹出，再用取浆笔等取浆器具逐个把王台中的蜂王浆取出。采集完后，我们再往这些塑料王台中重新移入小幼虫，放到蜂群中，让工蜂继续分泌蜂王浆。

通常情况下，每个人工王台平均一次可采集0.2～0.5克蜂王浆（产量与蜂种、蜜源、群势等有关），生产1千克蜂王浆需要2 000～5 000个王台。

蜂王浆生产期，需要 20℃以上的温度和丰富的蜜粉源，蜂群中要有大量哺育工蜂，群势至少在 8 足框蜂以上。现在，每群蜂年生产蜂王浆的多少往往受到蜂种、蜜粉源、生产季节长短、生产技术等因素的影响。

七、 蜂王浆的化学成分

蜂王浆的化学组成非常复杂，各种有效生物成分含量极其丰富，新鲜蜂王浆一般含水 66％、干物质 33％、灰分 0.82％，干物质中，蛋白质占 12.3％、脂肪占 5.4％，还原性物质总量占 12.49％，含未知物 2.84％。

1. 蛋白质 蜂王浆中含有多种高活性的蛋白类物质，主要有白蛋白、α 蛋白、β 蛋白及不渗透性蛋白质，目前至少已确定了 12 种，其中 2/3 是清蛋白，1/3 是球蛋白。分析表明，这些和人体血液中的蛋白质基本相同。

2. 氨基酸 蜂王浆中含有 20 多种游离的氨基酸，至少包括赖氨酸、苏氨酸、缬氨酸、亮氨酸、异亮氨酸、色氨酸、甘氨酸、酪氨酸、甲硫氨酸、苯丙氨酸、组氨酸、精氨酸、天门冬氨酸、丝氨酸、谷氨酸、脯氨酸、酪氨酸、胱氨酸、丙氨酸等。其中，脯氨酸的含量最高，约占氨基酸总量的 63％；其次为赖氨酸，约占 20％；再次为精氨酸、组氨酸、酪氨酸、丝氨酸和胱氨酸。可以看出，人体所必需的 8 种氨基酸，蜂王浆中无一缺少。

3. 脂肪酸 蜂王浆至少含有 26 种游离脂肪酸；其中已鉴定出壬酸、癸酸、10-羟基-癸-2-烯酸、十一烷酸、月桂酸、十三烷酸、肉豆蔻酸、肉豆蔻脑酸、棕榈油酸、硬脂酸、亚油酸和花生酸，共 12 种。其中，10-羟基-癸-2-烯酸是迄今人类发现仅存在于蜂王浆中的天然不饱和脂肪酸，故又称"王浆酸"。

4. 维生素类 蜂王浆中含有的维生素不仅种类全且含量高，B 族维生素尤其如此。主要有硫胺素、核黄素、烟酸、泛酸、吡哆醇、钴胺素、生物素、叶酸、肌醇、乙酰胆碱以及维生素 C、维生素 E、维生素 A、维生素 D 等，其中以泛酸的含量最高。

5. 酶类 蜂王浆中至少含有以下几种酶：胆碱酶、酸性磷酸酶、葡萄糖氧化酶及淀粉酶等。

6. 微量元素 蜂王浆中的微量元素是指那些含量很低，但又对生命十分必要的元素，包括钾、钠、钙、镁、铜、铁、锌、锰、钴等。

7. 激素类 蜂王浆中的激素包括保幼激素、17-酮固醇、17-羟固醇、雌二醇（E）、睾酮（T）、黄体酮（P）、去甲肾上腺素、氢化可的松、类胰岛素样激素等。

8. 糖类 蜂王浆中含有葡萄糖、果糖、麦芽糖、龙胆二糖、蔗糖等。

9. 其他脂类 包括苯酚、蜡、神经鞘、磷脂、糖脂、2,4-亚甲基胆固醇、神经节苷脂等。

10. 核苷酸 蜂王浆中含有 1-磷酸腺苷、腺嘌呤二核苷酸（FAD），黄素单核酸（FMN）、生蝶呤，以及含有二磷酸腺苷（ADP）和三磷酸腺苷（ATP）的腺嘌呤核苷酸类物质。

11. 核酸 蜂王浆中含有少量的遗传物质——核酸，其中包括核糖核酸（RNA）和脱氧核糖核酸（DNA）。

12. 其他成分及 R 物质 蜂王浆中的其他成分有生物蝶翼素、新蝶翼素、琥珀酸、磷脂酰乙醇胺、犬尿酸等。此外，蜂王浆中尚有约 3% 的成分未被分析出来，人们称其为 R 物质（R 取自蜂王浆英文 Royal jelly 的第一个字母）。

蜂王浆几乎包含了生命所需的所有营养物质，而且每种成分的比例恰到好处。

八、 蜂王浆的成分与功效

　　蜂王浆是工蜂自身分泌的一种乳白或淡黄色物质，类似于哺乳动物自身分泌的乳汁。其化学成分较复杂，一般情况下，新鲜蜂王浆含水 64.5％～69％、蛋白质 11％～16％、糖类 8.5％～15％、脂类 6％、矿物质 0.4％～1.5％、未确定物质（R 物质）2.8％～3.0％。蜂王浆含有 18 种左右的氨基酸，其中有 8 种是人体必需氨基酸。此外，蜂王浆还含有活性多肽、维生素、酶类、有机酸、类固醇等生物活性物质。这些物质都有很强的生物学功能。

　　1. 优质的蛋白质　蛋白质是蜂王浆的基本成分，蜂王浆中的蛋白质种类多达 12 种以上，其中的 R-球蛋白、活性多肽、类胰岛素和酶类被称作蜂王浆四大高活性蛋白。

新鲜蜂王浆的蛋白质含量十分丰富，且含量高达 11%～14%，占蜂王浆干物质的 38%～50%。其中，2/3 为白蛋白（水溶性），1/3 为球蛋白（α、β、γ），与人体血液中的血清蛋白、球蛋白相似。我们将这种蛋白称为优质蛋白，这种比例特别利于人体吸收利用。

正如恩格斯所说："蛋白质是生命的物质基础，生命是蛋白质存在的一种形式。"如果人体内缺少蛋白质，轻者体质下降、发育迟缓、抵抗力减弱、贫血乏力，重者形成水肿，甚至危及生命。一旦失去了蛋白质，生命也就不复存在，故有人称蛋白质为"生命的载体"。可以说，它是生命的第一要素。

蜂王浆中含有大量的免疫球蛋白，是增强人体抗病能力的重要物质。当人们食用蜂王浆以后，免疫球蛋白能被快速吸收和利用，从而促进人体内部免疫球蛋白的再生，提高人体免疫细胞活性，明显增强人体的免疫功能。食用蜂王浆一段时间后，人们会明显感到体力充沛，患感冒和其他疾病的概率减少了。此外，蜂王浆中的蛋白是多种球蛋白的混合物，具有抗菌、抗病毒、延缓衰老的作用。

丙种球蛋白、类胰岛素等是蜂王浆中重要的蛋白类活性成分。丙种球蛋白与人体血清蛋白类似，可保护肝脏，对于人体肝功能有促进作用，同时具有保护肝细胞和消炎的作用。类胰岛素肽类与牛胰岛素分子量相同，这是糖尿病人所需要的物质。

2. 丰富的有机酸 蜂王浆中丰富的有机酸使其呈酸性，并保持着蜂王浆中活性物质的稳定性，具有抑制细菌的作用。值得一提的是 10-HDA，约占鲜重的 2%，是蜂王浆中含量最高的脂肪酸。它是由德国化学家 D. J. Lange 于 1921 年首先发现，具有抗辐射、抑制癌细胞、杀菌、消炎、促进细胞再生等作用。

蜂王浆中各种游离氨基酸约占干重的 0.8%，氨基酸种类超过 20 种，其中人体所必需的 8 种氨基酸都在蜂王浆中存在，以脯氨酸含量最高。

氨基酸是组成蛋白质的基本单位，人类已知的 20 多种氨基酸可以排列组合成成千上万种完全不同的蛋白质。

通过代谢，氨基酸可以在人体内发挥下列作用：①合成组织蛋白质；②变成酸、激素、抗体、肌酸等含氮物质；③转变为糖类和脂肪；④氧化成二氧化碳、水及尿素，产生能量。

人体缺乏任何一种必需氨基酸，都可导致生理功能异常，影响机体代谢的正常进行，最后导致疾病。即使缺乏某些非必需氨基酸，也会产生机体代谢障碍。胱氨酸摄入不足会引起胰岛素减少，血糖升高；创伤后，胱氨酸和精氨酸的需要量大增，如缺乏，即使热能充足，仍不能顺利合成蛋白质。

在生物体内，脯氨酸不仅对细胞质渗透平衡起到调节作用，而且还可作为细胞膜和酶的保护物质及自由基清除剂，同时，可用于营养不良、蛋白质缺乏症、严重胃肠道疾病、烫伤及外科手术后的蛋白质补充，无明显毒副作用。

蜂王浆中还有一种特殊的氨基酸——牛磺酸，其化学性质稳定。在 100 克蜂王浆中，牛磺酸的含量一般为 20～35 毫克，超过牛初乳。牛磺酸是一种人体必不可少的营养元素，有着平衡健康的奇妙功效。此外，牛磺酸对肺、肝脏、胃肠等都有保护作用。

牛磺酸最显著的作用是增强免疫力和抗疲劳，能促进儿童大脑、神经系统与智商的发育，母乳中的牛磺酸含量较高，初乳中含量更高，如果补充不足，将会使幼儿生长发育缓慢、智力发育迟缓。牛磺酸与幼儿、胎儿中枢神经及视网膜等的发育有密切的关系，长期单纯用牛奶喂养，易造成幼儿牛磺酸缺乏。

3. 丰富的维生素含量 蜂王浆中含有多种维生素，且含量较高。

维生素是维持人体生命活动和健康必需的一类有机化合物。这类物质在体内既不是构成身体组织的原料，也不是能量的来源，而是一类调节物质，在物质代谢中起着重要的作用。

维生素对机体的新陈代谢、生长、发育、健康有极重要的作用。虽然人体对维生素的需要量很小，日需要量常以毫克或微克计算，但如果长期缺乏某种维生素，就会引起生理机能障碍进而引进某种疾病，损害人体健康。

人体犹如一座极为复杂的化工厂，不断进行着各种生化反应，其反应与酶的催化作用有密切关系。酶要产生活性，必须有辅酶参加，已知许多维生素是酶的辅酶或者是辅酶的组成分子。因此，维生素是维持和调节机体正常代谢的重要物质。可以认为，最好的维生素是以"生物活性物质"的形式存在于人体组织中的。

蜂王浆含有 10 种以上人体必需的维生素，基本可以满足人体需要。蜂王浆能平衡脂肪代谢和糖代谢，对肥胖者的高血脂和高血糖有一定的调理作用，非常适合肥胖型糖尿病患者。

4. 独有的脂肪酸 新鲜蜂王浆的脂类物质约占 6%，其中 90% 为脂肪酸，10% 为中性类脂。

蜂王浆至少含有 20 种游离脂肪酸，其中有一种特殊的"10-羟基-2-癸烯酸"（10-HDA），占总脂肪酸的 50% 以上，被称为"王浆酸"。癸烯酸是一种独特的不饱和脂肪酸，至今尚未在其他食物中发现它的存在。

癸烯酸（10-HDA）是一种天然药用成分，它能抗菌消炎，也能止痛，消灭人体内的大肠杆菌和化脓杆菌，对人的肠胃炎以及肺炎有一定预防和调理作用。另外，人们出现烧伤烫伤时，还能直接涂抹适量蜂王浆，可加快伤处愈合，预防伤处感染。

蜂王浆中的脂肪酸对人体健康影响很大，不饱和脂肪酸具有很好的杀菌、抗炎、抗氧化、预防心脑血管疾病等功效。它可以与肿瘤细胞膜结合，使肿瘤细胞膜上的脂肪酸发生改变，破坏肿瘤细胞膜结构，使肿瘤细胞崩解。在人体中，不饱和脂肪酸还可与蜂王浆中的蛋白质共同作用，相互协调，具有一定的延缓衰老的作用。

5. 酶类物质 蜂王浆中含有丰富的酶类蛋白，主要有抗坏血酸氧化酶、葡萄糖氧化酶、胆碱酯酶、超氧化物歧化酶、磷酸酶、脂肪酶、淀粉酶、转氨酶等酶类物质。

如今有许多研究专家通过测定活性蛋白的含量或酶活性来判断蜂王浆的新鲜度，并取得一定进展。我们测定了蜂王浆中超氧化物歧化酶的活性为 220u/g，并随着贮存条件的变化而变化，虽然用来判断新鲜度的活性物质标准有待统一，但是用蛋白活性大小或比活来判断蜂王浆的新鲜度必是大势所趋。超氧化物歧化酶（SOD）是蜂王浆中蛋白类活性成分之一，被称为自由基清除剂，可以清除人体内的自由基（超氧阴离子）。人体衰老的实质就是人体过多地被氧化，产生过多的自由基积累所致。医学上利用 SOD 防治心血管病、关节炎、肿瘤、肝病等。

老年人体内含酶少，导致易患癌症。酶有分解致癌物亚硝胺的作用，可提高人体内巨噬细胞的活力，增强人体免疫功能。

研究表明，脂褐素是引起细胞死亡、导致机体衰老的元凶。蜂王浆中的多种活性成分可以激活酶系统，拟制脂褐素，使过氧化脂质和心肌细胞脂褐素下降。超氧化物歧化酶是非常好的抗氧化物质，具有保护机体、清除自由基的功效，可起到抗辐射、延缓衰老的作用。

6. 矿物质　大量的样本检测表明，每 100 克蜂王浆干物质中，矿物质含量大约为 0.9 克，包括钾、钠、镁、钙、铁、锌、铜及微量的锰、镍、钴、铬、铋、硅等元素。

矿物质对人体非常重要，在人体内参与多种生化反应，保持着多种生理平衡。许多矿物元素因与酶结合而呈现活性，在酶的防过氧化过程中起着至关重要的作用。因此，这些微量元素也是抗氧化的主要因素。

蜂王浆的重要功效之一就是营养神经，它含有的氨基酸和微量元素能直接被人类的中枢神经系统利用，提高人类神经器官功能，营养神经元。同时，它还能缓解人类的神经衰弱和焦虑抑郁，防止记忆力下降。

研究表明，将大鼠致衰老以后，再给其饲喂蜂王浆，结果发现大鼠的学习能力和记忆能力都有所提高，这证明了蜂王浆有抗衰老、增强记忆力的作用。

7. 特有的低聚糖等　蜂王浆中有很多种糖类物质，其中有一种称为"龙胆二糖"的物质，是一种低聚糖，也称益生元，它是肠道中益生菌的食物，可以让肠道中的益生菌更好地维持肠道健康。

8. 其他　鲜蜂王浆中其他微量物质含量约为 1%，包括活性多肽、核酸、核苷酸、类似乙酰胆碱样物质、牛磺酸、激素、蝶呤和腮腺素样物质。蜂王浆还含有豆固醇、胆固醇和谷固醇等 9 种固醇类化合物。

（1）活性多肽。活性多肽是人体自身分泌的一种物质，又称人类生长素（HGH），由脑下垂体分泌，主要分布在神经组织和其他组织器官中，是人体细胞调理的"总工程师"。

人体所有的细胞以及由细胞组成的组织、器官都受活性肽的控制，它决定着人的长相和得什么样的疾病，控制着人体蛋白质的合成，而蛋白质是生命的表现形式。

（2）核酸。核酸是人类的生命源，没有核酸就没有生命，核酸缺乏会引起细胞缺陷，蛋白质合成缓慢，导致机体病变，也会使人衰老。恶性肿瘤的发病机理与治疗原理与核酸代谢相关。

每克蜂王浆中含核糖核酸（RNA）3.9～4.8毫克、脱氧核糖核酸（DNA）201～223微克。蜂王浆中含有核糖核酸及脱氧核糖核酸。正是这些生物活性物质的存在，才使蜂王浆具有恢复健康、抗衰老的作用。

（3）激素类物质。蜂王浆中含多种天然激素类物质，主要由蜜蜂分泌，包括保幼激素、类胰岛素、皮质醇、17酮固醇、17羟固醇、去甲肾上腺素、肾上腺素、雌二醇、睾酮、黄体酮等。

激素是一个很多人避讳的名词，认为激素会促使儿童性早熟，其实，这种说法是没有科学根据的，激素是人体生理代谢、生长发育必不可少的。

蜂王浆的激素含量极微，比例合适，符合生物体的需要，对机体无不良影响。蜂王浆中激素的存在，是蜂王浆具有提高性机能，防治更年期综合征及风湿病、前列腺疾病等功能的理论依据。

蜂王浆中的类胰岛素由美国生化学家 Kramer. K. J 于1982年发现，揭开了蜂王浆能防治高血压、肌肉萎缩、糖尿病的秘密。活性多肽具有促进细胞再生、促进生长发育的作用，而 r-球蛋白则是一种混合物，占蜂王浆总蛋白质的46％，具有延缓衰老、抗菌、抗病毒的作用。

（4）R 物质（未确定物质）。迄今为止，蜂王浆化学组成的神秘面纱仍未彻底揭开，尚有 3% 左右的物质无法确定其化学成分和生理机能。我们有理由相信，蜂王浆的许多神奇功效与之密切相关。随着科技的发展，蜂王浆中的 R 物质终将被认识。

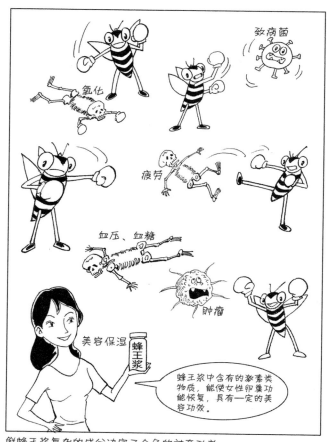

鲜蜂王浆复杂的成分决定了众多的神奇功效

九、 蜂王浆含糖吗

首先让我们先了解一下，什么是糖？

一般人对糖的定义就是甜物质。其实，许多糖类物质都不甜，如淀粉、纤维素、糖原、核糖、脱氧核糖等，还有一些很甜的物质却不是糖，如木糖醇（甜度 125）、天冬苯丙二肽（甜度 15 000）、糖精（甜度 50 000）等。

现代科学对"糖"有准确定义。糖类物质是多羟基（2 个或以上）的醛类（Aldehyde）或酮类（Ketone）化合物。在化学上，由于其由碳、氢、氧元素构成，在化学式的表现上类似于"碳"与"水"聚合，故又称其为碳水化合物。

糖包括蔗糖（红糖、白糖、砂糖、黄糖）、葡萄糖、果糖、半乳糖、乳糖、麦芽糖、淀粉、糊精和糖原棉花糖等。在这些糖中，除了葡萄糖、果糖和半乳糖能被人体直接吸收外，其余的糖都要在体内转化为基本的单糖后，才能被吸收利用。

糖的主要功能是提供热能。每克葡萄糖在人体内氧化产生 4 000 卡能量，人体所需要的 70% 左右的能量由糖提供。此外，糖还是构成组织和保护肝脏功能的重要物质。

现在，您应该对糖有了一个全面系统的了解。那么，蜂王浆含糖吗？

显然，蜂王浆是含糖的，但糖类含量一般较低，总糖含量一般在 10%～13%，且主要为葡萄糖和果糖，在我们食用时几乎感觉不到。如果将鲜蜂王浆中的水分去掉，蜂王浆的干物质中，含有 20%～30% 的糖类物质，其中大致含果糖 52%、葡萄糖 45%、蔗糖 1%、麦芽糖 1%、龙胆二糖 1%。蜂王浆中的糖类主要来自蜂蜜和蜂粮，对人体健康有益而无害。

在原国家食品药品监督管理总局等组织的蜂产品和保健食

品抽样检验中，某厂家生产的鲜蜂王浆被送到上海市质量监督检验技术研究院进行检测，结果总糖（以葡萄糖计）检出值高达 22.8%，比国家标准《蜂王浆》（GB 9697—2008）中规定（不超过 15%）高出 52.0%。

蜂王浆所含总糖量超标，很可能是不法商家在其中掺加了蜂蜜或其他糖类，对蜂王浆品质会产生不良影响。如果所购买的蜂王浆能吃到明显的甜味，务必提高警惕。

十、 蜂王浆之六大生物作用

国内外大量研究表明，新鲜蜂王浆在增强机体免疫、抗衰老、抗肿瘤、降血压、抗疲劳、抗氧化、抗菌消炎和抗螨虫等方面有一定作用，且除了极个别机体会对其产生过敏反应外，几乎没有发现毒副作用。现将蜂王浆的生物作用分述如下：

1. 抗氧化作用 "自由基伤害衰老理论"认为，人类机体、器官等的老化是因为细胞内产生的氧化引起了自由基对人体和器官的攻击，这导致了机体组织的细胞结构和组成成分发生改变，也导致了器官的功能衰退。当自由基攻击机体的水平达到一定值时，人体就会发生老化甚至死亡。

Inoue 等发现，如果在饲料中添加一定量的蜂王浆，小鼠的寿命明显有所延长。进一步研究发现，这种现象是由于蜂王浆减少了自由基对细胞内 DNA 的损伤，这也证明了蜂王浆的抗氧化作用。

Jamnil 等以酵母为生物模型，研究了细胞内蜂王浆抗氧化活性的作用机理。实验发现，添加 5 克/升蜂王浆的实验组，细胞内氧化产物明显少于对照组，结果表明，蜂王浆有清除和抑制自由基的作用。蜂王浆中起抗氧化作用的物质除了 SOD、维生素 C、维生素 E 和王浆酸外，还有一些小分子多肽和蛋白质。许建香等将蜂王浆用胃蛋白酶和胰蛋白酶酶解，并将酶解产物分成不同分子量大小范围，通过对不同酶解产物的抗氧化试验发现，分子量小于 1kD 的多肽有最高的抗氧化活性。

2. 抗菌消炎作用 蜂王浆中的抗菌消炎作用主要是由于其特有的物质——王浆酸，以及具有生物活性的蛋白质和多肽。刘克武等用鲜蜂王浆对几种常见的致病菌做抑菌实验，发现其对鼠伤寒沙门氏菌、大肠杆菌、福氏志贺氏Ⅱ型菌等传染性较强的致病菌的抑制作用较强。

孙亮先等发现，经不同处理的蜂王浆均对枯草杆菌、金黄色葡萄球菌和藤黄八叠球菌有显著的抑制作用，但对真菌无明显抑制作用；杨远帆等用透析和离子交换柱的方法透析得到一种对金黄色葡萄球菌有较高抑制活性的多肽；Renato Fontana分离得到的抗菌肽 Jelleine-Ⅰ-Ⅳ 具有抗菌作用，能抑制酵母、革兰氏阳性、阴性细菌的生长；我国科学家肖静伟从蜂王浆中分离出一种富含甘氨酸的活性抗菌肽，对革兰氏阳性菌有很好的抑菌效果。

3. 增强免疫力、抗疲劳 Lijia 等用蜂王浆饲喂小鼠 3～5 天后，通过免疫试验发现小鼠血清中的淋巴细胞显著增加，说明蜂王浆能增强免疫力。Iwao Okamoto 对蜂王浆蛋白质家族中的 MRJP3 做了体内和体外的免疫试验，发现其具有调节免疫力的作用。

Kamakura 等发现蜂王浆中的 57kD 蛋白具有促细胞生长和抗疲劳的功效；Murat Kanbur 等研究了氟化钠对小鼠生理变化的影响，并测定了蜂王浆对这些小鼠生理参数的影响，结果发现，蜂王浆能改善摄入氟化钠引起的不良反应。

4. 降血压、降血糖 Matsui 等报道，直接提取的蜂王浆蛋白质和它的分离蛋白并不会抑制血管紧缩素Ⅰ转化酶

（ACE）的活性。然而，蜂王浆经胃蛋白酶、胰蛋白酶和胰凝乳蛋白酶水解后，其产物具有抑制 ACE 的作用，从而起到降血压的效果。

采用液相色谱法对蜂王浆水解产物进行分离，获得二肽、三肽片断，并发现了 11 个 ACE 的抑制肽，其中有 8 个肽是首次从自然资源中鉴定出来的。因此，蜂王浆蛋白被认为是一种可通过胃肠酶水解获取 ACE 抑制肽的好资源。蜂王浆中胰岛素样肽类的分子量与牛胰岛素相同，同时还含有以辅酶方式参加糖代谢的维生素 B_1，从而可降低血糖浓度。

5. 抗肿瘤 Bincoletto 等发现蜂王浆能消除因肿瘤细胞的生长而导致的骨髓抑制。Majtan 等运用基因工程的方法，在体外表达了重组的 Apal（MRJP1）并进行了功能实验，发现这种蛋白质能刺激巨噬细胞，促进其释放肿瘤细胞坏死因子（TNFa）。

6. 美容保湿 蜂王浆中含有的激素类物质具有一定的美容功效，而蜂王浆的抗氧化作用也能清除自由基，减少色斑的产生。研究人员用蜂王浆萃取物和萃取残渣测定了在 8 种相对湿度下的吸湿、保湿率及其随时间的变化情况，发现蜂王浆萃取物具有一定程度的吸湿性和较持久的保湿性，尤其在较干燥的环境下，保湿性持久。基于这些优点，现在已研发了很多添加了蜂王浆的护肤品。

十一、 蜂王浆的味道

在化学出现之前，人们对入口的食物评价标准就是"色、香、味"。当我们了解了味觉的秘密，我们就能对许多的产品加以"改造"，例如，许多中药味很苦，我们的先民就将其制成蜜丸。

味觉是人体重要的生理感觉之一，它在摄食调控、机体营养及代谢调节中均有重要作用。

味觉的感受器是味蕾，主要分布在舌表面和舌缘，通常人的味蕾总数约有 8 万个，儿童味蕾较多，老年时因萎缩而减少。

人们由于生活环境和饮食习惯的不同，对味觉的识别有些差别。这是由于呈味物质持续地接触刺激味蕾，会使味蕾产生疲劳和适应的现象。这种现象不断积累，便形成了各地的风俗习惯及饮食习惯。例如，我国川、渝、湘、颚、赣等地的人们喜欢辣味菜肴，秦、晋人家喜好酸味菜肴，华北和东北地区的人们喜欢重口味的菜肴等。

同样一道菜，有的人说太甜，有的人说不甜；有的人说辣，有的人说不辣，正如俗话所说的"百人百味"。还有研究表明，当人身体欠佳或情绪不佳时，会"食而无味"。

味觉是一种快适应感受器，长时间受某种味质刺激时，对这种味质的敏感度会降低，但此时对其他物质的味觉并无影响。即使是同一种味质，由于其浓度不同，所产生的味觉也不相同。

研究表明，温度与味觉之间的关系有一定限度，味觉的敏感度常受食物或刺激物本身温度的影响，根据实验测定，最佳的味觉温度在 $10\sim40℃$ 范围内，尤其在 $20\sim30℃$ 之间味觉最敏感，高于或低于此温度，对味觉的影响就减小了。在 $0\sim50℃$ 范围内，随着温度的升高，甜味和辣味的味感增强，咸味、苦味的味感减弱，而酸味不变；$50℃$ 以上时，对甜味的感觉明显地迟钝。

身体患某些疾病或发生异常时，会导致失味、味觉迟钝或变味，例如患糖尿病时，舌头对甜味刺激的敏感性显著下降；若长期缺乏抗坏血酸，则对柠檬酸的敏感性明显增加；这些味觉变化有些是暂时性的，有些则是永久性的。

年龄对味觉敏感性有影响。60 岁以下的人群，味觉敏感性没有明显变化，而年龄超过 60 岁的人则对咸、酸、苦、甜四种原味的敏感性显著降低。造成这种情况的原因一方面是随年龄增长，舌头上的味蕾数目减少，另一方面是老年人自身所患的疾病也会妨碍味觉的敏感度。

一提起蜂王浆，许多未接触过蜂王浆的人马上会联想到另外一种为人所熟知的蜂产品——蜂蜜，大家对蜂蜜的印象是香甜可口，所以就自然而然地认为蜂王浆也是甜的，而实际上却不是这样的。

首次食用蜂王浆的人，常常让现实打破了自己对蜂王浆味道的美好想象，于是便发出各种惊叹和疑问。蜂王浆怎么不是甜的啊？蜂王浆味道酸、涩、辣，不好吃！蜂王浆这么酸，是不是过期了？更可笑的是，有的人第一次接触蜂王浆，尝到这种味道，还以为蜂王浆变质了！

纯正的天然蜂王浆是乳黄色、不透明的，很黏稠，pH 为 3.5~4.5，以酸涩为主。新鲜蜂王浆味道复杂，难以形容，略带香气，有酸、涩、辛辣、微甜四味，且具有一种典型的酚与酸的气味。放入口中，有一点蜇舌头，下咽时，喉咙有辛辣的刺激感。当然，每个人的味觉是有差异的，有人对味道敏感，有人则对味道反应迟钝。因此，同一瓶蜂王浆，让 10 个人品尝，有共识，也会有不同感受。

虽然蜂王浆是一种营养价值比较高的食品，被称为"液体黄金"，不仅能增强我们人体的机能和免疫力等，还有美容养颜的功效。可就是因为那怪怪的味道，让很多人对它望而却步。

实际上，许多天然营养品的味道都好不到哪里去，蜂王浆是这样，野山参、鹿茸、雪蛤等的味道也是这样，都很不好吃或很不好闻，但其营养价值是公认的。

不过，也有人对蜂王浆的味道情有独钟，就是喜欢那股辛辣的、怪怪的味道。他们的理由是，直接服用可以最大限度地体验这种高级营养品的原味。

为了迎合消费者的口感需求，一些商家以蜂王浆为主要原料，附加一些辅料和食品添加剂，制成了各种各样的蜂王浆食品、保健品。例如，大家熟知的蜂王浆口服液、蜂王浆含片、王浆蜂蜜等，由于辅料和食品添加剂的作用，这些产品几乎没有蜂王浆原有的味道了。

一些对食物味道相对挑剔的年轻女性和儿童，如果开始食用蜂王浆时，对其味道特别介意，我推荐 3 种解决办法供尝试。

我们发现，绝大部分人开始食用蜂王浆时，对这种味道相对在意，但真正食用一段时间后，就习以为常了。尤其是那些年老体弱、患慢性病的人群，他们在食用蜂王浆的过程中，获得了身体的健康，获得了快乐和幸福，蜂王浆的味道自然就不是个事儿。有些人告诉我，蜂王浆比许多中药好吃多了！

（1）食用前或食用时，把蜂王浆和蜂蜜按 1∶1 或 1∶2 加以调和，蜂王浆原有的酸、涩、辣等味道立即会被蜂蜜的香甜味所代替，自然好吃又营养。

（2）人的味觉对低温冷冻食品相对迟钝。根据此原理，我们可以将蜂王浆分成 5 克一袋的小包装，将鲜蜂王浆放置在冰箱的冷冻格中，食用时，直接取出含服，口感好、效果佳。

（3）将鲜蜂王浆灌入空的硬胶囊壳服用。这样虽然麻烦，但对那些喜欢蜂王浆的保健美容功效，而又过分介意蜂王浆味道的人群来说，也算是一个两全之策。

鲜蜂王浆特有的滋味——酸、涩、微辣、微甜、微香

十二、 同是鲜蜂王浆， 为什么颜色和味道有差异

　　同是鲜蜂王浆，经检测，各项理化指标、卫生指标皆合格，可颜色、味道却有较大差异，这是为什么？

　　首先，鲜蜂王浆属于纯天然产品，天然产品的最大特点就是它的不一致性，有的鲜蜂王浆吃起来酸涩辣味重一些，有的则相对轻一些，这很正常。就像天然蜂蜜一样，由于蜜蜂所采集的蜜粉源植物不同，采回蜂巢的花蜜、花粉的颜色和味道自然也有很大差别。

　　蜂王浆的味道是由组成蜂王浆的各种成分产生的，如各种有机酸、大量的维生素、天然芳香物质、矿物质等。

　　若产浆期蜜粉源植物是花粉量少或颜色浅的油菜、刺槐荆条等，所产的蜂王浆颜色呈乳白色或淡黄色；若蜜粉源花粉色重，如荞麦、山花椒等，所产蜂王浆的颜色也相对深一些。

　　其次，蜂王浆是蜂巢内年幼的工蜂食用蜂巢里面的蜂粮和蜂蜜，通过自己头部的腺体分泌出来的，而这些蜂蜜和蜂粮又是由不同颜色、不同味道的花蜜和花粉转化而来的。自然界的花蜜和花粉本身含有一些色素，这些花蜜或花粉被年轻的蜜蜂取食后分泌出的蜂王浆，自然而然地也就带有这些蜜粉源植物花蜜和花粉的颜色或味道。

新鲜蜂王浆的颜色大多呈乳白色到淡黄色，个别呈微红色，蜂王浆颜色的深浅主要取决于蜜粉源及其新鲜程度和质量的优劣。

这里需要强调的是，蜂王浆的颜色主要来自天然色素，从某种意义上讲，颜色对蜂王浆的质量、营养等几乎没有影响。

此外，蜂王浆中某些微量元素含量不同，颜色也会产生差异，某些蜂蜜或者花粉微量元素含量高，生产的蜂王浆某些微量元素含量也较高，它的颜色就深，同样，有的蜂王浆微量元素含量低，颜色就会浅一些。

至于蜂王浆的酸、涩、辣等味道，主要是与其来源成分有关。其中含有较多的酸性物质（如10羟基癸烯酸、皮酯酸、软脂酸、油酸等）和较低的 pH（pH 为 3.5～4.5），使之入口即感酸味。此外，蜂王浆还含有蛋白质、维生素、微量收敛物

纯天然产品最大的特点是不一致性，蜜蜂摄入不同植物产生的蜂蜜和蜂粮，自然分泌的蜂王浆颜色、味道等有所差异

质、矿物质和糖类物质等，这些成分而使蜂王浆具有特殊的酸、涩、辣、香等气味，而这些成分受花种及地理环境（如地质条件，气候，季节等）的影响，有着细微的差别，从而导致蜂王浆的口感也存在细微不同，这属于正常现象。只要通过完善的检测，保证其品质的可靠，就可以放心食用，味道不会影响其效果。

十三、 说说王浆酸

1. 什么是王浆酸 王浆酸主要来源于工蜂的上颚腺，多以游离形式存在于新鲜的蜂王浆中，可以从天然蜂王浆中分离出这种独特的不饱和有机酸。

王浆酸的化学分子式为 $C_{10}H_{18}O_3$，称为 10-羟基-$\Delta2$-癸烯酸，简称 10-HAD，它是蜂王浆的主要代表成分之一。迄今为止，这种特殊的有机酸成分在自然界其他天然物质中尚未发现，换言之，这种有机酸只存在于天然蜂王浆中，故被称作王浆酸。

虽然在自然界中唯独蜂王浆中含有王浆酸，但并不代表这种独一无二的成分有什么超常的生理作用。

蜂王浆的许多特性，如气味、pH 等均与这种物质有关。我国医学界科学家和日本专家从蜂王浆中分离出的纯王浆酸呈白色晶体，它的化学性能特别稳定，即使在 100℃ 的高温中也不会发生变化。今天，利用现代科技已能完全人工合成该物质，纯度达到 99.3％ 以上。

2. 王浆酸是纯天然蜂王浆鉴别的标准之一 现今，衡量蜂王浆质量主要有两项关键因素：一是新鲜度，二是王浆酸。王浆酸含量是蜂王浆质量的主要指标之一，一般含量为 1.4％～2.4％，约占总脂肪酸的 50％ 以上。我国生产的蜂王浆，只要符合我国的蜂王浆国家标准 GB 9697—88 的要求，即 10-HDA

的含量大于等于 1.4％即为质量合格，便可在国内外销售。

10-HDA 确实是蜂王浆的主要成分之一，过去可用来衡量蜂王浆的真假。但世界各国对蜂王浆的质量要求不太一样，比如日本侧重于以王浆酸（10-HDA）的含量判定蜂王浆质量的好坏，而欧美国家侧重于感官指标和水分。

虽然我国蜂王浆标准规定，合格品王浆酸大于 1.4％，优等品大于 1.8％。但事实是，蜂王浆中的王浆酸含量往往受到蜂种、采收时间、蜜粉源、地域、饲料、蜂群质量等多方面的影响，如油菜浆高于洋槐浆、西北高于其他地区、高产种蜂王浆低于低产种蜂王浆、48 小时采浆高于 72 小时采浆。

王浆酸虽然是检验蜂王浆真假的标准，但不是唯一标准，不能全凭王浆酸含量的高低来判断蜂王浆质量的好坏。单独提取的王浆酸功效会大打折扣，所以国际上不把王浆酸单独用于医疗保健。

3. 王浆酸的作用　天然蜂王浆含有营养丰富的蛋白质、有机酸、维生素、微量元素、R 物质等，它的许多功效都是众多成分协同作用的结果，单独用一种成分来评价或渲染蜂王浆的作用，无异于盲人摸象、管中窥豹。

研究表明，王浆酸具有一定的抑菌消炎、增强免疫力、抗辐射、降血脂等作用，能抑制多种对人体有害的细菌和真菌的生长繁殖，促进人体细胞的代谢更新，加快被细菌感染的组织的愈合和恢复，对人体健康有一定的调理作用。科学研究还发现，蜂王浆酸是蜂王浆抑制细胞分裂和抗肿瘤的有效成分之一。

20 世纪 80 年代初，日本研究人员公布了蜂王浆酸的抗癌作用。他们发现，从蜂王浆中提取的蜂王浆酸，通过调节提高细胞及体液免疫功能而达到明显的抑瘤作用。20 世纪 90 年代以来，我国的一些科研工作者也进行了蜂王浆抗癌的临床应用探索。

Chapter 2
第二章
蜂王浆的质量与分类

一、 什么是标准，为何这样分类

　　国际标准化组织（ISO）的标准化原理委员会（STACO）一直致力于标准化概念的研究，先后以"指南"的形式给"标准"的定义作出统一规定：标准是由一个公认的机构制定和批准的文件。它对活动或活动的结果规定了规则、导则或特殊值，供共同和反复使用，以实现在预定领域内最佳秩序的效果。

　　国家标准 GB/T 3935.1—83 定义："标准是对重复性事物和概念所做的统一规定，它以科学、技术和实践经验的综合为基础，经过有关方面协商一致，由主管机构批准，以特定的形式发布，作为共同遵守的准则和依据。"

　　国家标准 GB/T 3935.1—1996《标准化和有关领域的通用术语 第一部分：基本术语》中对标准的定义是："为在一定范围内获得最佳秩序，对活动或其结果规定共同的和重复使用的规则、导则或特性的文件。该文件经协商一致制定并经一个公认机构的批准。它以科学、技术和实践经验的综合成果为基础，以促进最佳社会效益为目的。"

　　标准的制定和类型：

1. 按使用范围划分 有国际标准、区域标准、国家标准、专业标准、地方标准、企业标准等。

2. 按内容划分 有基础标准、产品标准、辅助产品标准、原材料标准、方法标准等。

3. 按成熟程度划分 有法定标准、推荐标准、试行标准、标准草案等。

在标准的制定上，国际标准由国际标准化组织（ISO）理事会审查，ISO 理事会接纳国际标准并由中央秘书处颁布；国家标准在中国由国务院标准化行政主管部门制定，行业标准由国务院有关行政主管部门制定；企业生产的产品没有国家标准和行业标准的，应当制定企业标准，作为组织生产的依据，并报有关部门备案。

法律对标准的制定另有规定的，依照法律的规定执行。制定标准应当有利于合理利用国家资源，推广科学技术成果，提高经济效益，保障安全和人民身体健康，保护消费者的利益，保护环境，有利于产品的通用互换及标准的协调配套等。

强制性标准是指为保障人体的健康、人身、财产安全的标准和法律、行政法规定强制执行的标准，如药品标准、食品卫生标准。该标准在一定范围内通过法律、行政法规等强制性手段加以实施，具有法律属性。

二、 现行的蜂王浆国家强制性标准的主要内容和指标都有哪些

蜂王浆质量标准，主要有感官指标、理化指标和卫生指标等内容，重点包括质量要求、等级划分、检验方法、验收规则、包装要求、贮存及运输条件、采收要求等。

1. 感官要求主要分为四个方面

（1）颜色无论是黏浆状态还是冰冻状态，都应是乳白色、淡黄色或浅橙色，有光泽。冰冻状态时还有冰晶的光泽。

（2）气味。黏浆状态时，应有类似花蜜或花粉的香味。气味纯正，不得有发酵、酸败气味。

（3）滋味和口感。黏浆状态时，有明显的酸、涩、辛辣和微甜味感，上腭和咽喉有刺激感。咽下或吐出后，咽喉刺激感仍会存留一些时间。冰冻状态时，初品尝有颗粒感，然后逐渐消失，并出现与黏浆状态同样的口感。

（4）状态。常温下或解冻后呈黏浆状，具有流动性，不应有气泡和杂质（如蜡屑等）。

2. 产品等级和理化要求

指标		优等品	合格品
水分%	≤	67.5	69.0
10-羟基-2-癸烯酸/%	≥	1.8	1.4
总蛋白%		11.0～16.0	
总糖（以葡萄糖计）/%	≤	15	
灰分/%	≤	1.5	
酸度（1摩尔/升 NaOH）/（毫升/100 克）		30～53	
淀粉		不得检出	

3. 安全卫生要求

应符合国家法律、法规和政策规章要求，符合国家有关标准规定的安全卫生要求。标准中规定的卫生指标包括：每克蜂王浆中的杂菌总数（个/克）≤300；霉菌总数（个/克）≤100；致病菌不得检出。

4. 真实性要求

不得添加或取出任何成分。

纯鲜蜂王浆最重要的是其中所含的天然成分和活性物质

三、关于国家蜂王浆质量标准的探讨

1. 定义　蜂王浆是工蜂的咽下腺和上颚腺分泌的、主要用于饲喂蜂王和蜂幼虫的乳白色或浅橙色浆状物质。

指标缺陷：如果我们给蜜蜂饲喂白砂糖或人工蛋白质饲料，工蜂的咽下腺和上颚腺也可以分泌蜂王浆。尽管蜜蜂产出的蜂王浆色泽也可能呈白色，但它确实与蜜粉源花期无多大关系，相对于那些工蜂食用天然成熟蜂蜜、蜂粮后分泌的蜂王浆而言，这种蜂王浆的质量肯定要差一些。

2. 感官要求　现行蜂王浆标准中，对鲜蜂王浆的状态、色泽、气味、滋味和口感等都提出了具体的要求，本人认为在许多方面缺乏科学依据。

指标缺陷：首先，蜂王浆的色泽、气味、滋味、状态等，实质上是与所食用的蜂蜜、蜂粮的颜色有关的，例如，蜂蜜、蜂粮的颜色越深，相应的蜂王浆的色泽也深，反之亦然。其次，色泽、气味、滋味并不体现蜂王浆的本质，它是色素的表现形式。最后，非天然的蜜蜂饲料——各种砂糖、果糖和人工蛋白质饲料也可以被蜜蜂转化为蜂王浆，其色泽与天然的蜂蜜、蜂粮所产生的蜂王浆几乎没有差异。

3. 等级 根据理化品质，蜂王浆分为优等品和合格品两个等级。

目前，在国家蜂王浆标准中，衡量蜂王浆质量最重要的指标之一就是 10-HDA 的含量，如果 10-HDA 的含量达到或超过 1.8%，则为优等品，如果 10HDA 的含量大于 1.4%，则为合格品。

点评：科学研究证明，王浆酸性质极其稳定，不能作为新鲜度高低、质量好坏的标准。但由于 10-HDA 具有一定的生理与药理作用，因此仍旧可以用 10-HDA 作为一个判定蜂王浆真假的主要指标。

我担心的是，目前有两种用 10-HDA 造假的途径，一是将从别的鲜蜂王浆中提取的 10-HDA 加入所售卖的蜂王浆中，使其等级提高，二是将人工化学合成的 10-HDA 加入所售卖的蜂王浆中，提高其含量和等级。这意味着根据理化品质对蜂王浆进行分级存在严重的缺陷。

4. 产品等级和理化指标 具体见表 2-1。

表 2-1 蜂王浆的产品等级和理化指标

指标		优等品	合格品
水分/%	≤	67.5	69.0
10-羟基-2-葵烯酸（10HDA）/%	≥	1.8	1.4

（续）

指标		优等品 合格品
总蛋白/%		11.0～16.0
总糖（以葡萄糖计）/%	≤	15
灰分/%	≤	1.5
酸度（1摩尔/升 NaOH）/（毫升/100 克）		30～53
淀粉		不得检出

从上述理化指标可以看出其缺陷，无论是水分还是其他任何单一的化学成分，都可以找到人工合成或提取的替代品，换句话说，就是完全可以人工合成或配置出符合上述各项指标的"人造蜂王浆"。因此，这些指标并不能完全真实地反映蜂王浆的实际情况，甚至可能将"人造蜂王浆"误判为优质的蜂王浆。

本人认为，鲜蜂王浆最重要的是其中所含的天然成分和活性物质，而通过什么指标能实实在在地反映蜂王浆的纯天然特性和新鲜度非常重要，而现行蜂王浆标准中并未体现这些方面。

正因如此，依据现行的蜂王浆强制性标准规定衡量蜂王浆质量，未必能给消费者一个权威、科学、公正的结论。

四、 高产种蜂王浆与低产种蜂王浆有何差别

天然蜂王浆被誉为生命的"软黄金"，被中外广大的消费者所推崇。如今，市面上出售的蜂王浆分为高产种蜂王浆和低产种蜂王浆，两者究竟有何不同呢？

在讲解这个问题之前，我想让大家先了解，柴鸡蛋和工厂化养鸡所产鸡蛋有什么差别。

专家指出，工厂化养鸡的产蛋率能达到 95%，年产蛋量高于 300 枚，属于高产。放养柴鸡的产蛋率只有 30% 左右，

也就是说，每只柴鸡平均要积蓄3～4天的营养才能产下一枚小小的鸡蛋，每年产蛋数量很难超过100枚，属于低产。显然，柴鸡蛋的生产成本比普通鸡蛋高一倍多，市场价也比普通鸡蛋贵一倍以上。

专业人士对两种鸡蛋进行过比较，其结果是：

（1）柴鸡蛋个头较小，且大小、颜色深浅不一，蛋黄颜色比工厂化生产鸡蛋的颜色稍黄，并且弹性好，挺凸度高。而工厂化生产鸡蛋个头大，颜色也相对统一。

（2）柴鸡蛋吃起来口感比较香嫩，没有蛋腥味；工厂化生产鸡蛋口感就没这么好了。

（3）柴鸡蛋与等重的工厂化鸡蛋相比，营养成分有些差异。柴鸡蛋因为食用的饲料一般为草、菜、地表昆虫等，因此营养价值较高。工厂化鸡蛋因为其饲料含有一些化学添加剂，故营养价值低于柴鸡蛋。柴鸡蛋几乎不含化工元素，而工厂化生产鸡蛋一般含有化学添加剂成分。

众所周知，无论柴鸡蛋还是工厂化生产鸡蛋都是很有营养的，只是柴鸡蛋比工厂化鸡蛋营养价值高些，价格自然也就贵些，因此部分追求健康的人士便会购买柴鸡蛋。

同样，市面上出售的蜂王浆也分为高产种蜂王浆和低产种蜂王浆，两者究竟有何不同呢？

蜂王浆的高产种与低产种往往受到许多因素的影响，主要有蜂种、外界环境、蜂群强弱、食用饲料的营养高低等。

高产种蜂王浆主要是通过选育蜂王浆高产蜂种，不断给蜜蜂喂食天然或人工饲料，使其一直不断地产蜂王浆，其产量可以达到低产种蜂王浆的5～10倍！因此，高产种蜂王浆营养成分相对差些。

1. 产出条件与营养价值不同　高产种蜂王浆也就是我们所说的工业蜂王浆，是通过人工干涉产出的，只需要将蜜蜂固定在一个地方，不断给它喂食蜂饲料就可以了，因此，其产量相当高。但是，这样喂食蜂饲料产出的蜂王浆的营养价值就会低些。

而天然蜂王浆不受任何人工控制，只有在蜂群繁殖需要时才会产出。因此，它的产量会非常低，但是营养价值却超过了高产种蜂王浆。

2. 两者的王浆酸含量大不相同 对蜂王浆稍微有一些了解的人都知道，王浆酸是蜂王浆中独特的成分之一。因此，蜂王浆中的蜂王浆酸含量也是检测蜂王浆品质的一个重要依据。

一般情况下，高产种蜂王浆的蜂王浆酸含量一般为 1.4 左右，这个数值，在我国蜂王浆质量检测标准中只能算是刚刚及格。相对而言，低产种蜂王浆的蜂王浆酸含量能够达到 1.8 以上，这个数值在国内算是优质的。

3. 食用效果不同 食用低产种蜂王浆的效果会比高产种蜂王浆更快、更明显。举个最明显的例子，同样是想要改善睡眠的两个人，一个吃的是高产种蜂王浆，而另一个吃的是真正的低产种蜂王浆。吃真正低产种蜂王浆的人可能一周左右睡眠就会有明显的改善，而另一个吃高产种蜂王浆的可能需要十余天的时间。

随着"浆蜂"品种的推广和普及，高产种蜂王浆会越来越多，而低产种蜂王浆逐渐变得越来越少、越来越珍贵。

五、 乱象横生的蜂王浆分类法 _____

分类实质上就是按照种类、等级或性质进行归类。对蜂王浆及其产品进行科学的分类，无论对生产者、市场监管部门还是消费者都有极大的好处。

蜂王浆是工蜂分泌的一种营养丰富的食物，被许多消费者视为高级营养品。蜂王浆有着不同的分类方法，有科学正规的，也有许多不正规的，甚至是商家杜撰的分类法。

科学正规的蜂王浆分类，包括现行的中华人民共和国标准《蜂王浆》（GB 9697—2008）、《蜂王浆冻干粉》（GB/T 21532—2008）和《无公害蜂王浆》（NY 5135—2002）等。

非正规的分类包括按蜂王浆颜色、产浆蜂种、产量高低、蜜源植物种类、生产季节等来划分蜂王浆。

商家杜撰的分类法包括：①按产量，蜂王浆可分为低产（普通）浆和高产浆；②按进出口，分为出口浆和内销浆；③按加工与否分为原浆和加工蜂王浆；④按放置时间分为鲜浆与陈浆；⑤按蜜蜂食用的饲料分为纯天然原浆和人工饲料蜂王浆等。

除对蜂王浆进行分类外，我们常常还对蜂王浆进行分级，无论是分类还是分级，无非就是给消费者更多明示和选择。

但是，过度分类会给市场带来混乱，给消费者造成选择困扰。非正规的分类或商家杜撰的分类法往往让消费者在选择购买产品时一头雾水，很容易上当受骗。例如，一些商家大肆鼓吹"春浆"比"秋浆"好，可研究证明，用"春浆"或"秋浆"培育出来的蜂王，在体重、体长、寿命和产卵量等方面并没有什么差异。青海等北方地区 7—8 月（正处夏季）油菜花期生产的非"春浆"的质量大大好于南方 2—3 月许多地区生产的所谓"春浆"。

六、 几种非正规的蜂王浆分类法

（1）按蜂王浆的色泽进行分类。不同蜜粉源花期所生产的蜂王浆，其色泽有较大差异，于是就产生了按色泽分类的方法：油菜浆为白色，刺槐浆为乳白色，紫云英浆为淡黄色，荞麦浆呈微红色，紫穗槐浆呈紫色等。

　　事实是，除个别蜜粉源植物花期所生产的蜂王浆有特殊的色泽外，绝大多数蜂王浆的色泽大同小异，而且很多蜂王浆的色泽非常相似。

　　在我看来，以色泽进行分类太过专业化，消费者不易掌握。进一步讲，蜂王浆的色泽是色素产生的，它对蜂王浆的质量和功效不会产生很大的影响。

　　（2）按产浆蜂种进行分类。目前国内产浆的蜂种包括西方蜜蜂和东方蜜蜂，主要有意大利蜜蜂、卡尼阿兰蜜蜂、东北黑蜂、西北黑蜂、中蜂等。于是，有人按蜂种对蜂王浆进行分类，出现了西蜂浆、中蜂浆、黑蜂浆等概念。事实上，我国目前 99％以上的蜂王浆都是由意大利蜜蜂种生产的，在流通领域中几乎见不到中蜂、黑蜂等所产的蜂王浆。因此，即使这些蜂种之间所产的蜂王浆色泽、黏稠度，甚至理化指标有差异，对市场和消费者而言，也是毫无意义的。

　　（3）按产量高低进行分类。按蜂王浆产量高低分类也没有科学依据，产量高低受到许多因素的影响，如蜂种、蜜源、饲养管理技术、地域等。我要告诉大家的是，当年新采集的蜂王浆比放置更长时间的陈浆要好，蜜蜂食用纯天然蜂蜜、蜂粮所生产的原浆比饲喂白砂糖和人工蛋白质饲料所产的蜂王浆要好。

　　此外，按出口或非出口产品等来给蜂王浆分类也是不科学的。

七、　按蜜源植物种类划分蜂王浆是不恰当的

　　在蜜蜂行业中，对于蜂蜜、蜂花粉的分类，一个最常用的方法就是按照蜜、粉源植物来划分，如刺槐蜜、荆条蜜、枣花

蜜、椴树蜜、油菜花粉、葵花花粉、玉米花粉等。于是，在诸多蜂王浆的分类方法中，许多人（包括专家和专业人士）也根据蜜粉源植物的花期来划分蜂王浆，通常在什么花期生产的蜂王浆就称什么王浆。例如，在油菜花期所生产的蜂王浆称作油菜浆，刺槐花期采集的蜂王浆称作刺槐浆。同理，还有椴树浆、葵花浆、荆条浆、紫云英浆、杂花浆等。其实，国家标准并没有按照此法划分蜂王浆，因为蜂巢里一直存有多种植物的蜂蜜和蜂粮。

为什么按蜜粉源植物种类划分蜂蜜、蜂花粉可以，而划分蜂王浆就是错误的？

首先，蜜蜂的王浆腺发育有一个过程，蜂王浆的分泌时间具有滞后性。蜜蜂属于全变态昆虫，生长发育分为卵、幼虫、蛹和成蜂 4 个阶段，发育时间长短因蜂种不同而有所差异。意大利蜜蜂从卵发育到成蜂一般要经历 21 天，其中卵期 3 天，幼虫期约为 6 天，蛹期约 12 天。3 日龄以内的蜜蜂幼虫靠食用蜂王浆生长发育，而在此后的大幼虫阶段，主要依靠成熟蜂蜜和蜂粮来促进生长发育，卵期 3 天和蛹期 12 天是不进食的。研究表明，刚刚羽化出房的成年工蜂，位于头部的王浆腺已经形成，但不具备分泌蜂王浆的功能。不难理解，工蜂王浆腺的形成是与它 12 天之前所食用的蜂蜜和蜂粮相关的。况且此时的王浆腺还不能分泌蜂王浆，新羽化的蜜蜂，必须连续一周大量取食天然成熟蜂蜜和蜂粮，摄取更多的营养，王浆腺才能得到充分发育，随后开始分泌蜂王浆，6～12 日龄的青年工蜂王浆腺最发达，分泌活性最高，分泌的蜂王浆用于哺育幼虫和饲喂蜂王。

随着日龄的增长，工蜂的蜡腺发育，蜂浆腺逐渐退化、萎缩，大约 3 周后，青年工蜂变成采集蜂时，王浆腺细胞萎缩到最小，失去分泌活性。

其次，蜜蜂王浆腺的形成和蜂王浆的分泌在本质上都是蜜蜂所食饲料的转化物。蜂王浆实质上是蜜蜂所食用的蜂蜜和蜂粮的转化物，且其最重要的成分——蛋白质、脂类、有机酸等都是蜂粮的转化物。

这里必须先了解"成熟蜜"和"蜂粮"两个专业概念。"成熟蜜"是指经过蜜蜂充分酿造后的蜂蜜。蜜蜂把蜜酿造好后会集中储藏在蜂房中，并用蜂蜡封盖。自然成熟的蜂蜜，通常需要 5～10 天的时间充分酿造，才具有真正意义上蜂蜜的营养成分和价值。

"蜂粮"是蜜蜂将采集的花粉通过咀嚼并混入腺体分泌物后，装到巢房内，同时不断加入少量花蜜或蜂蜜，在 34～35℃和一定湿度的蜂箱内经过两个星期的发酵而成的。与天然花粉相比，"蜂粮"的营养成分更丰富，营养价值更高。

如果某种蜜粉源植物（例如油菜）正处于盛花期，其花蜜和花粉被蜜蜂采回蜂巢，将其酿制为成熟蜂蜜平均需要 8 天时间，将花粉转化为蜂粮则需要 14 天。而这些"成熟蜜"和"蜂粮"被幼虫食用后，也至少还需要近 20 天才能分泌出鲜蜂王浆。即使刚转化好的"蜂粮"立即被刚羽化出房的蜜蜂食用，也至少还需要一周时间才能变为蜂王浆分泌出来。换句话说，今天蜜蜂采集的某种蜜粉源植物的花蜜和花粉，20 天之后，才可能转换成与之相关的蜂王浆。况且，有些蜜源植物的花粉是无法被蜜蜂采集到的，如刺槐、椴树、枣花等，那些所谓的"刺槐浆""椴树浆"，实质上是由许多别的蜜粉源植物形成的。

不难理解，如果今天正是某种蜜源（例如刺槐）的流蜜期，当天所采集的鲜蜂王浆基本上都由十多天前发育的蜜蜂所产，而它们那时食用的"成熟蜂蜜"和"蜂粮"并非现今蜜源植物所产。而在此花期发育的蜜蜂，有可能到下一个花期才开始泌浆。

　　除上述理由外，还有许多因素影响着蜂王浆，例如，有的养蜂人在某些只有花蜜而没有花粉的蜜源植物花期，给蜜蜂饲喂其他植物的花粉，甚至饲喂人工的蛋白质饲料；有的养蜂人将蜜蜂酿制好的某种蜜源植物成熟蜜从蜂巢中取出，给蜂群饲喂大量的白砂糖。

　　显然，按蜜粉源植物种类划分蜂王浆是不科学、不精准的，甚至是完全错误的。

八、 按季节划分蜂王浆是不合适的

　　在网上，有不少朋友询问有关蜂王浆质量与生产季节的关系问题，例如：何为春浆、秋浆？哪个季节的蜂王浆更好？是否春季生产的蜂王浆质量更好？许多人给出了错误的答案，对消费者造成了严重的误导。

　　要正确回答这个问题，先要了解古今中外是怎么定义春夏秋冬四季的，我国东南西北各个省区又是如何划分四季的。

　　古往今来，斗转星移，季节交替，年复一年的送冬迎春、春尽夏至、夏归秋临、秋去冬来，很有规律。其实，自古以来，关于四季划分有各种不同的标准，其中最重要的有古代划分法、农历划分法、天文划分法、气象划分法、候温划分法5种。这些方法都有一个共同的缺点，就是全国各地都在同一天进入同一个季节。由于我国幅员辽阔、南北跨度大、地形复杂多样等因素，加上划分标准和方法不同，对同一时间不同地区季节的界定也存在巨大差异。南方的海南岛，早春二月已是万紫千红、春意盎然了，而此时东北的黑龙江等北方各省还是白雪皑皑、冰天雪地之时。

　　现在，您大概已经明白为什么把蜂王浆按季节划分是错误的了。

过去，养蜂行业往往把春季生产的蜂王浆称为春浆，夏季生产的称为夏浆，秋季生产的称为秋浆。有的专家在书中还做了这样的描述："一般在 5 月中旬以前生产的蜂王浆可归为春浆，5 月中旬以后生产的蜂王浆归为夏、秋浆。春浆乳黄色，是一年中质量最好的蜂王浆，尤其是春天油菜花期间第一次生产的蜂王浆，质量最为上乘，王浆酸含量高。秋浆色略浅，含水量比春浆稍低，辛辣味较浓郁，但质量则比春浆稍次。"

春浆、夏浆、秋浆等是一种非常不科学、不正规的提法，常常给消费者造成误导，导致市场的混乱。我们还是以油菜花为例来说明这个问题。

我国幅员辽阔，纬度高低、南北季节差异明显。海南、云南等地，2 月（以下皆指阳历）已是油菜花盛开的春季，长江中下游油菜花开则要到 3 月下旬之后，而此时的西北、东北正春寒料峭。同样是油菜花，在内蒙古、青海、甘肃、黑龙江等地盛开的时间是 7 月的盛夏季节。如果按照气象划分季节，7 月才是这些地方真正的春季。而按照农历划分法、天文划分法、古代划分法，7 月是地地道道的夏季，此时此地所产的蜂王浆，应该称为"春浆"还是"夏浆"呢？

有人曾做了这样的实验，将一组 2 月在海南油菜花期蜂群所生产的蜂王浆，与另一组 7 月在青海油菜花期蜂群所产的蜂王浆进行理化指标的检测对比，结果表明，两地所产蜂王浆的各项指标相差无几。

为了进一步证明蜂王浆质量主要取决于蜜蜂所食蜂蜜和蜂粮的质量这个结论，2010 年 7 月底，北京昌平区的山区根本没有油菜花，我们给试验蜂群大量饲喂从青海采集的油菜蜂蜜和油菜花粉，然后生产蜂王浆，并对该批蜂王浆进行理化指标检测。结果发现，所产蜂王浆质量与在海南、青海等地油菜花期所产蜂王浆质量基本一致。

众所周知，蜂王浆是青年蜜蜂食用大量蜂蜜和蜂粮后从王浆腺中分泌出来的一种物质，换句话说，蜂王浆就是蜂蜜和蜂粮的转化物。无论在哪个季节、哪个地方，只要我们让蜜蜂食用同样的蜂蜜和蜂粮，生产出的蜂王浆的成分和质量没有大的差异。

蜂王浆的好坏与季节、地域没有多大关系，要说有关系，那就是与此时此地的蜜粉源有关。所以，选购营养丰富的纯天然鲜蜂王浆是保证食用效果的关键。

进一步讲，蜂王浆的质量往往受到许多因素的影响，除食物外，蜂种、蜜源、生产环境、储藏条件等都会对蜂王浆的新鲜度、理化指标，甚至食用效果造成影响，科学、客观地综合评价蜂王浆的质量十分重要。

还要强调的是，天然产品最大的特点就是不一致性，您不能乞求一棵苹果树上长出完全一致的苹果，同样，您也不要乞求一群蜜蜂生产出来的蜂王浆的各种理化指标完全一致。这既符合逻辑，也符合科学。

目前我国蜂王浆分类、分级方法十分混乱，有的分类概念模糊、层级不清晰、过于笼统，有的兼容性、通用性差，有的甚至出现相互矛盾等问题。

未来，只有建立了科学合理的"统一蜂王浆分类标准"，最终实现各标准间、标准与产品间的无缝衔接，才能使蜂王浆的安全监管更加有效，才能让消费者明明白白消费，购买到与之对应价值的好产品。

对蜂王浆乱分类既不科学，又容易误导消费者

Chapter 3
第三章
科学辩证地认识蜂王浆

一、 为什么说蜂王浆是 "胎儿级" 的营养食品

　　人属于胎生哺乳动物，当一个卵母细胞在母亲体内受精后即形成胚胎，胚胎不断从母体吸取各种营养物质，逐渐发育为胎儿。

　　胎儿正常生长所需的营养物质通常包括：①机体组成以及维持生长的氨基酸、多肽、蛋白质、糖类、脂肪、矿物质（钠、钾、氯、钙、镁、磷），特别是白蛋白、运转蛋白及免疫球蛋白 G 等；②中间物质类（支持细胞功能和结构），如肌醇、生物素、胆碱、必需游离脂肪酸（亚油酸、亚麻酸等）；③维持正常细胞和器官功能的微量成分，如维生素 B、维生素 C、维生素 A、维生素 K 等。

　　哺乳动物是胎生的，这些营养物质以很小的形式存储在母亲的血液中。当母亲的血液流经胎盘时，这些营养物质就通过胎盘供给了胎儿。胎儿完全靠母体提供营养和抗体，由于胎儿生长迅速，母体为胎儿提供的胚胎组织液有独特作用。

　　蜜蜂属于卵生全变态昆虫，也就是说，它的发育要经过卵、幼虫、蛹到成蜂 4 个阶段。当蜂王把一粒受精卵产于蜂房

中，卵在蜂巢 35℃ 恒温环境中，依靠自身所含的卵黄蛋白质提供营养，经过 3 天时间，完成胚胎发育，孵化为小幼虫。

蜜蜂幼虫的发育阶段几乎相当于哺乳动物的胎儿发育阶段，只不过，3 日龄以内蜜蜂小幼虫的生长发育不是靠母体输送营养，而是完全依靠工蜂提供的"胎儿级"高级营养食品——蜂王浆来完成的。十分有趣的是，人类母亲提供给胎儿的所有营养物质，在蜂王浆中一个都不缺。

有人将蜂王浆比作哺乳动物的乳汁，这似乎贬低了蜂王浆的作用。哺乳动物的乳汁与蜂王浆有本质不同。动物的乳汁分初乳和常乳，初乳营养极其丰富，并含有大量抗体，刚出生的动物自身抵抗力差，吸收营养能力弱，所需营养和抗体通过初乳提供，不吃初乳的初生动物易患病和死亡，所以从初乳所含的营养和抗体看，它比常乳的等级要高。

蜂王浆所含的营养成分比哺乳动物的初乳和常乳的等级都要高，而与哺乳动物胚胎组织液的营养等级相似。蜂王浆是蜜蜂幼虫时期的主要食物，蜜蜂幼虫时期就相当于人类的胎儿时期，人类胎儿时期的生长速度也是一生中发育最迅速的阶段，促进胎儿迅速生长的能源来自胎儿食物，而胎儿食物来自母体的血液。同样，蜂王幼虫在整个发育过程中全部享用高级的胎儿食品——蜂王浆，5 天时间里，幼虫体重可增长 1 800 倍。

由此可见，胎儿食物的营养效果要比母乳更理想，是促进机体新陈代谢及生长的理想营养源，而相当于胎儿食物的蜂王浆是迄今为止世界上唯一可供人类直接服用的纯天然"胎儿级"营养食品。

因此，有人称蜂王浆是"稀有的特殊功能的胎儿营养液"。有研究表明，"胎儿级"营养食品具有极易消化吸收和促进新陈代谢两大特点。中老年人食用这种"胎儿级"营养食品，能得到童年般的活力。

二、 蜂王浆的自然属性和社会属性

属性是事物所具有的性质和特点。蜂王浆作为一种特殊物质，也有其自身的属性。自然属性是某种物质固有的、内在的本质，它不以人的意志为转移，不随时代的变迁、科技的进步以及社会意识形态、宗教信仰和行政法律等管理体系而变化。自然属性反映了蜂王浆的本质，更具广泛性、长期性、科学性、稳定性和客观性。例如，蜂王浆的化学组成、物理和化学性质、功效等都是客观存在的，无论过去、现在，还是将来，无论我们发现与否、应用与否，它们都客观存在，几乎不会受到各种自然和社会等因素的影响。

蜂王浆的社会属性是被科学技术、社会公众或社会团体所认可的属性，它是社会进步或科技发展的产物。例如，自然界中原生态的蜂王浆没有"社会属性"，后来，由于科技的进步，人们对蜂王浆等自然产物的认识有所提高，同时，随着社会化行政法规管理制度等体系的建立，国家制定了食品卫生标准、蜂王浆标准等，于是，就产生了蜂王浆的社会属性。

一般而言，产品的社会属性是以自然属性为基础的，社会属性一定包含了某种物质的自然属性，而且往往会随着科学的发展、法规的完善而变化。反之，无论一种产品的社会属性如何变化，其自然属性不会改变。蜂王浆在多个发达国家均被视为食品，但其价格却远高于国内，就是一个典型的例子。自然属性中潜藏着巨大的社会属性，例如，蜂王浆对多种疾病的防治作用，已成为全世界医学界研究的热门领域。又如砒霜这种物质随着科学的发达，被发现对白血病有一定作用，也发生了社会属性的变化。

2018 年，美国斯坦福大学医学院的研究人员 Kevin Wang 博士等人发现，蜂王浆中含有一种活性蛋白质，即蜂王浆主蛋白 MRJP1 能激活一个增强干细胞再生的基因网络，产生更多的干细胞，实现自我更新和修复，可以为因细胞死亡引起的疾病带来新疗法，如阿尔兹海默症、心脏衰竭和肌肉萎缩等。

我们有理由相信，在不久的将来，众多的蜂王浆产品将相继问世，给人类未来的健康事业带来无限希望。

自然属性是蜂王浆的本质，社会属性随时可能发生变化

三、　蜂王浆是食品、保健品还是药品

十多年前，在北京开完一个健康产业发展学术研讨会后，主办方举行了一个答谢晚宴，正好将我与一位国家保健食品专家委员会的领导安排在同桌，席间大家谈笑甚欢。于是，我向这位领导咨询了一个困惑我很久的问题："蜂王浆是食品、保健品还是药品？"

这位领导很敏感，马上笑着说："大家看看，许老师是不是给我挖坑呢？"

我当众阐述了我的观点：蜂王浆不仅是食品，而且是很好的保健品和药品。

领导听完，频频点头，不停地讲："有道理！有道理！"

今天，我将那天讲给领导的观点与大家一起分享。

《食品安全法》第一百五十条对"食品"的定义如下：

食品，指各种供人食用或者饮用的成品和原料以及按照传统既是食品又是中药材的物品，但是不包括以治疗为目的的物品。

而我们所说的绿色食品是对无污染的、安全、优质、营养类食品的总称。类似的食品在其他国家被称为有机食品，生态食品，自然食品。

按照上述定义，蜂王浆不仅是食品，而且具备"安全、优质、营养"这三大特征，属于有机食品、生态食品、自然食品、绿色食品等高级食品的范畴。

《中华人民共和国药品管理法》第二条关于药品的定义：

本法所称药品，是指用于预防、治疗、诊断人的疾病，有目的地调节人的生理机能并规定有适应证或者功能主治、用法和用量的物质，包括中药、化学药和生物制品等。

蜂王浆不仅是一种名贵的营养保健品，而且早已被《全国中草药汇编》一书收入第四卷，认为其可用于一些疾病的辅助治疗。

而另一本中医药大全类书籍中，蜂王浆同样有明确的编号，且明确有延缓衰老、促进生长，增强身体抵抗力，对新陈代谢、心脑血管系统、免疫功能、内分泌系统等产生影响，抗肿瘤、辐射、病原微生物等九大药理作用。

保健品是保健食品的通俗说法。GB16740—97《保健（功能）食品通用标准》第3.1条将保健食品定义为："保健（功能）食品是食品的一个种类，具有一般食品的共性，能调节人体的机能，适用于特定人群食用，但不以治疗疾病为目的。"

市场上的保健品大体可以分为一般保健食品、保健药品、保健化妆品、保健用品等。保健食品具有食品性质，如蜂制品、茶、酒、饮品、汤品、鲜汁、药膳等，具有色、香、形、质要求，一般在剂量上无要求。

保健药品则具有营养性、食物性和天然药品性质，应配合治疗使用，有用法、用量要求。国家曾经批准了许多带"健"字批号的药品，其中就包含一些蜂王浆制品。

目前，国家规定了27种类别的保健食品，蜂王浆至少具备其中增强免疫力、降血糖、降血压、降血脂、改善睡眠、减肥、抗氧化、改善记忆、促进消化等20多项功能，几乎是一个近乎全能的营养食品，这在人类营养品史上是罕有的。

综上所述，可以毫不夸张地讲，蜂王浆是优秀的食品、优秀的保健品、优秀的保健药品，是每个珍惜生命，热爱健康的人应该选择的。

四、 蜂王浆有利于健康的科学道理

一种补品能含几百种人体所需的营养素，而且每种营养元素含量的比例都正好对应生命的需求，除鲜蜂王浆外，世界上很难找到这样的补品了。

蜂王浆是大自然赋予人类的一种具有多种复杂成分的天然产品。研究表明，它是由10余类、200多种成分组成的，其成分的复杂性、单一成分的多功能性、几种或几类物质的协同性，构成了蜂王浆作用的广泛性。

鲜蜂王浆属胎盘组织液类物质，不仅营养成分丰富全面，而且含有大量的生物活性物质，奠定了蜂王浆对多种疾病有效的原理。其生理作用效果较为明显，对机体的神经系统和内分泌系统有激活和补充作用，通过神经液，进一步使机体各部分的代谢机能恢复和协调起来。首先是造血系统和循环系统的代谢得到改善和提高，从而使身体各器官的功能得到恢复和加强。其次，蜂王浆具有增强免疫、延缓衰老、抗氧化、营养滋补、抗菌消炎等作用，能够强身健体，提高生命活力，增进食欲，促进睡眠和代谢促进病人康复等。

蜂王浆不仅适合各种患病人群，还特别适合各类亚健康、健康的人群防病之需要。对患有各种慢性老年性疾病的人，如患有高血压、高血糖、高血粘、肠胃病、支气管哮喘、失眠、心脑血管疾病、肝脏病、更年期综合征等的人群更加适用。

蜂王浆十分有利于健康

此外，蜂王浆对一些疾病有效，乃是因为蜂王浆含有对症的化合物。如生物素，即"维生素 H"，它在人及动物体中主要以与蛋白质化合的形式存在，一方面它与体内脂肪酸代谢有关，另外，动物缺乏这种维生素会发生精神失常以及出现皮炎，而维生素 B_6 的缺乏也往往导致神经系统受到损害。缺乏维生素 B_1，一般表现为食欲不振和恶心，出现神经系统症状，出现周围神经炎以致髓鞘变性。由于蜂王浆内含有丰富的各种维生素，因而它有可能减轻神经痛，改善某些精神疾病的症状。临床报告证明，蜂王浆能使患者安眠，减轻忧郁等精神症状。

五、 科学看待蜂王浆中特有的成分
——王浆酸

经常关注和食用蜂王浆产品的人，会在网络、各种报纸杂志、宣传品上看到关于王浆酸的介绍和宣传，如：蜂王浆中王浆酸含量越高越好；王浆酸神奇的功效、作用；独特的王浆酸；王浆酸的提取等。

蜂王浆中的王浆酸含量真的很重要吗？它究竟对我们的身体健康有什么特殊作用？我认为，有些人把它的功效夸大了，甚至将其神化了。下面我想从三个方面加以阐述：

1. 客观地看待王浆酸　大家知道，蜂王浆的成分十分复杂，我们今天可以从蜂王浆中分离出 200 多种成分，按类别来分，蜂王浆含量最高的是水分，其次是蛋白质类物质，而王浆酸只是众多成分中的一种，国家标准要求王浆酸（10-HAD）的含量大于 1.4%，最高可达到 2.3%。

在自然状态下，由于蜂种、蜜粉源、地域、饲养方式、季节的不同，即使是同一群蜜蜂，在上述不同条件下所产的蜂王浆的 10-HAD 含量也存在明显差异，低的可能在 1.5％左右，高的含量可达 2.0％以上，这完全符合自然产品的特点——不一致性。

同样，我们并未发现王浆酸较低的蜂王浆对蜜蜂发育和蜂王的健康产生负面影响。研究表明，用王浆酸含量 1.5％和 2.0％的蜂王浆都能培育出健康的蜂王，育出的蜂王质量也没有什么差异，这说明王浆酸含量的高低对结果影响不大。

我一直强调，天然产品最大的特点就是它的不一致性，这就像我们从一棵苹果树上摘下 100 个苹果，也很难找到两个外形、成分含量完全一样的苹果。同样，我们吃人参、虫草、燕窝、灵芝等天然产品，都吃它的全部，为什么我们食用天然蜂王浆时却要强调局部，强调王浆酸的含量呢！

2. 辩证地看待王浆酸 蜂王浆是一个组成复杂、结构严密的整体，它的作用是众多成分协同的结果，单独、片面地强调某一种成分的作用，孤立、片面、静止地看待蜂王浆的某种成分，是典型的唯心主义思维。

从辩证唯物主义出发，蜂王浆对人体健康的积极作用是蜂王浆中所含众多成分共同作用的结果，任何从单一成分认知蜂王浆的思维都是片面的、错误的。

有专家用去掉 10-HDA 的蜂王浆和单纯的 10-HDA 饲喂小白鼠，结果发现，无 10-HDA 的蜂王浆能使小白鼠各项生理指标达标，即发育正常，而单纯的 10-HDA 组却不能。这也证明了王浆酸含量高低并不意味着蜂王浆功效的高低。

蜂王浆中不仅王浆酸含量有差异，其所含的各种成分都不是一个定数，都存在一定的差别，没有必要神话某些成分。

3. 科学地看待王浆酸 由于王浆酸只存在于天然蜂王浆中，现行国家标准将其作为辨别蜂王浆真伪、衡量蜂王浆质量优劣的一个重要指标，要求鲜蜂王浆中王浆酸的含量不能低于 1.4%。

　　事实是，王浆酸含量的高低作为辨别蜂王浆真假的指标是可行的，用王浆酸含量高低衡量蜂王浆质量却是不科学的。因为王浆酸性质稳定，它不能作为衡量、判断蜂王浆质量好坏和活性高低的标准。

自然界的物质千千万，蜂王浆中含有王浆酸，但其作用不能过度渲染

　　科学研究表明，在常温下，王浆酸（10-HDA）是一种性质很稳定的物质，甚至在高温条件下，经长时间存放，其结构、含量几乎不会发生大的变化，表现出很强的稳定性。

　　在室温或高温下长时间存放的鲜蜂王浆，即使已经完全腐败变质了，所含营养成分及生物活性物质受到破坏或完全消失，王浆酸结构也不会被破坏，含量基本保持不变。

我们曾在20世纪90年代的一个炎夏做了如下实验：从蜂群中新采集100克鲜蜂王浆，对其王浆酸含量进行测定，当时测定的结果是1.86%，然后，我们将其平均分成两份，每份50克左右，一份放入实验室的冰箱冷冻，一份敞开着放在实验室的台面上。一个半月过去了，我们分别测定了两份蜂王浆的王浆酸含量，结果与新鲜蜂王浆的数值相差无几。然而，放在实验室台面上的那份蜂王浆，表面已长了菌，用鼻子闻，已经有明显的酸臭味，显然，这份蜂王浆已经腐败变质不能食用了。

1981年，日本琦玉养蜂株式会社的技术人员通过实验发现，将蜂王浆放在130℃高温下60分钟，蜂王浆已经全部碳化，而王浆酸几乎全部存在，其残余率达96.6%～98.0%。这表明王浆酸的性质非常稳定，同时也表明，王浆酸只是蜂王浆的特征成分，不能依此来衡量蜂王浆的新鲜程度和质量优劣。

正是由于王浆酸很少受到各种理化因素的影响，因此，以10-HDA的含量衡量蜂王浆的质量是片面的、不科学的。消费者在选购蜂王浆时，千万不能只根据王浆酸含量的高低来判定蜂王浆质量的优劣。这样做片面且不科学。

4. 在蜂王浆中增减王浆酸都应视作违法行为　20世纪80年代，我的一个老乡就研究了如何人工合成王浆酸，经过近3年的努力，他终于在实验室合成出了王浆酸。由于当时的条件和技术相对落后，合成1克王浆酸的费用高达2万元。

21世纪初，由于某些商家对蜂王浆酸的过度宣传，加上国外一些蜂王浆进口企业刻意强调蜂王浆中王浆酸的含量，迫使一些企业弄虚作假、投机取巧。他们将部分鲜蜂王浆中的王浆酸过滤提取出来，将所提取的王浆酸添加到出口产品中，提高王浆酸的含量，只图能卖个好价钱。而那些过滤后的蜂王浆则以低廉的价格销售给一些蜂产品制造企业或直接卖给消费者；更有甚者，在劣质的或假的蜂王浆中加入人工合成的王浆酸。

无论从鲜蜂王浆中过滤王浆酸，还是掺入王浆酸，都是一种极不道德的行为，甚至是一种严重的违法行为，应该引起大家的高度重视。

今天，人工合成王浆酸的技术已经相当成熟，成本已大大降低，无论在线上还是线下，都能买到人工合成的王浆酸。国内有人告诉我，他们正准备建设一条年产 100 吨的人工合成王浆酸的生产线，但我担心的是，一旦成型，蜂王浆中所含的天然王浆酸将受到挑战，市场上出售的蜂王浆有可能含有人工合成的王浆酸；更重要的是，那时人造蜂王浆将成为现实，这可能给消费者带来更大的麻烦和伤害。

六、 别听伪专家评价蜂王浆

"养生"是当下最热门的生活话题。社会上，健康论坛、养生讲座林林总总，老百姓也趋之若鹜。同样，从 1995 年开始，我也被全国各地的同行邀请去做"蜂产品与人类健康"的报告，至今少说也有 500 场次了。在一次次交流过程中，我深深感受到广大消费者对健康知识、蜂产品知识的渴望，也对那些误导消费者的伪专家深恶痛绝。例如，有的伪专家告诉消费者"女性不能吃蜂王浆，否则会患子宫肌瘤，会得乳腺增生"等，恰好社会上有些人特别迷信专家，甚至把专家讲的话奉为圣旨，结果上当受骗了。所以，几乎每次演讲前，我都要给大家科普一下专家的概念。所谓专家，就是在某一个领域的一个方面知道的比别人多一点。我从事蜜蜂研究工作四十余年，我就是蜜蜂研究领域的专家，虽然我不懂航天、不懂通信、不懂建筑……，但我仍然自豪，如果让上述几方面的专家与我比拼蜜蜂知识和研究成果，他们也会甘拜下风的。

网络上对专家做了如下定义：指在学术、技艺等方面有专门研究或特长的人，或是在特定行业上有较多经验和知识的人。同样，网络上对伪专家也下了定义，就是一群打着专家的旗号，却不做专家该做的事，总是不用科学的方法和事实来说明问题，总是为了迎合一部分人的需求，而不顾事实地发表自己的"高论"，误导普通老百姓的人。

近些年，网友们又给"不学无术、却夸夸其谈、冒充学术权威者的人"一个戏称"砖家"。这些"砖家"不以求真知为目的，说话也不负责任，甚至言论往往自相矛盾，他（她）们的最终目标就是利益，而相关监管的缺失，导致了假专家的泛滥。

毋庸讳言，并非这个社会没有专家，只是有时没能找到真正合适的专家，以至于找到了"砖家"。

一是某些所谓的专家或是"伪专家"，往往无真才实学，只是因为媒体邀请，就信口雌黄。甚至为了使自己显得更像专家，而不惜伪造可以蒙蔽邀请方和受众的学历、工作经历等资料，把自己包装成"权威人士"。

二是一些专家本身是某一领域的真专家，但需要评论的事项、回答的问题并非在其所擅长的领域和他仍以专家身份发表言论。例如，本来患有牙病，需要牙科领域的专家帮您解决问题，可去询问了一位肝胆科领域的专家，如果他不懂装懂，胡乱说一通，那他就是"伪专家"了。

三是一些唯利是图的专家。这些专家也可能是某一领域的真专家，他们并非对所评论的事实或所咨询的问题不懂，而是由于受特定主体或利益驱使，完全不顾客观事实，信口开河，迷惑广大消费者，属于不负责任的伪专家。且看下面的例证：2017年，某电视台一档职场健康栏目邀请了一位防癌专家给电视观众讲防癌知识，在谈到造成乳腺癌的因素时，她说"雌激素外源性的多，比如蜂王浆，如果您吃了十年蜂王浆，我基本上判定差不多了，这种雌激素含量很高的补品，长期吃也是一个危险因素"。同时，该专家还把蜂王浆归纳为女性易患乳腺癌六大危险因素之一。

很快中国蜂产品协会发布了关于此人散布"蜂王浆激素致癌"错误言论的声明。声明指出，"该专家诋毁蜂王浆的错误言论造成了蜂王浆消费者思想上的混乱，也造成了女性消费者对蜂王浆消费的恐慌，在全国蜂业界引起了轩然大波和强烈愤慨。全国的蜂农和蜂产品的生产、经营者和蜂业科研工作者已近千人联名要求我协会状告该专家和相关栏目。"

"该专家诋毁蜂王浆的错误言论，让多少靠养蜂脱贫的山区农民失去了希望，又坑害了多少养蜂人、蜂王浆的经营者和消费者，给我国蜂产业造成了严重的危害和经济损失，我们请求人民法院追究被告人的法律责任，还养蜂农民一个公道，还蜂王浆一个清白，还消费者一个明白。"

全社会都应该对伪专家口诛笔伐，只有净化了我们的环境，健康才会与您永远相伴！

七、 丑化蜂王浆的流言蜚语

我常常在网上或一些报纸杂志上看到有关蜂王浆的"奇谈怪论"或一些非理性、非科学的负面报道，甚至还有人为本就错误的言论争得面红耳赤。

其中，最可恶的当数"主观臆想"，最可笑的是"不懂装懂"，最可悲的则是"吸引眼球"，最可怕的是"以讹传讹"。他们居然还列出了以下七种不宜或者禁食蜂王浆的人群：

相信专家和科学，别被流言蜚语所迷惑

1. 怕肥胖者 他们认为，蜂王浆可加强机体内部的调节能力，会使人变得能吃能睡，从而导致体重增加、身体发胖，还易罹患其他疾病。

2. 过敏体质者 依据是，蜂王浆里含有激素、酶等物质，会引起过敏体质者出现过敏反应。其中还特别提到，对海鲜或者是药物经常过敏者更要小心谨慎。

3. 长期患低血压与低血糖者 理由是，蜂王浆中含有类似乙酰胆碱的物质，而乙酰胆碱有降压、降血糖的作用，因此可导致低血压患者病情加重。

4. 肠道功能紊乱及腹泻者　蜂王浆可引起肠管强烈收缩，会诱发肠功能紊乱，导致腹泻、便秘等症。再者是肠胃不好者，喝蜂王浆会引起拉肚子等不良症状。

5. 手术初期及怀孕妇女　术后病人失血过多，身体严重虚弱，此时服用蜂王浆，易致五官出血。蜂王浆还能刺激子宫收缩，影响胎儿的正常发育。手术或者怀孕后等都不适合喝蜂王浆。

6. 肝阳亢盛及湿热阻滞者，或是发高热、大吐血、黄疸性肝病者　有人认为有以上症状者均不宜服用蜂王浆。

7. 10 岁以下少年儿童　理由是蜂王浆含有激素，如果儿童食用蜂王浆，容易引起性早熟。

一个对蜂王浆知识贫乏的人，看到这样的文章哪能还敢吃蜂王浆呢！

庆幸的是，我们处在一个文明的科技时代，我们不能靠主观想象臆造一些奇谈怪论来吸引眼球，贬低蜂王浆，而应以事实为依据，以科学为准绳，客观公正地还原蜂王浆的本质和真相，让消费者做出决断。

鲜蜂王浆到底有没有不适宜食用的人群，让我们用科学的利器戳穿这些骗人的谎言。作为蜜蜂专家，我可以负责任地告诉大家：鲜蜂王浆几乎没有毒副作用，几乎没有不适用人群，请放心大胆食用吧！

Chapter 4

第四章
蜂王浆与人类健康

一、 为什么说蜂王浆是蜜蜂王国献给人类健康的"珍贵礼物"

唐代诗人罗隐留下了千古绝句《咏蜂》"不论平地与山尖，无限风光尽被占；采得百花成蜜后，为谁辛苦为谁甜。"这既是对蜜蜂奉献精神的赞美，又是对人类的忠告，让人们爱护蜜蜂，珍惜蜜蜂的劳动。

蜂王浆是蜂巢中珍贵的产品，之所以说它珍贵，基于如下两个原因：

1. 蜂王浆的生产过程复杂且产量低 了解蜜蜂的人都知道，蜜蜂从大自然千万种植物上采集两种精华物质——花粉和花蜜，花粉就是各种植物的遗传物质，相当于动物的精子，是所有植物最精华的部分。蜂巢中有几万只蜜蜂每天不辞劳苦地工作，其中一部分蜜蜂主要从事采集工作，一只蜜蜂每次出巢飞行几千米路程，采集几百朵花，才能获得二三十毫克的花粉和花蜜，这只是粗原料，蜂巢内的蜜蜂还要将这些原料进行加工，经过十余天甚至更长时间的酿制，花蜜才能转化为香甜可口的蜂蜜，花粉才能变成醇香的蜂粮，蜂蜜和蜂粮才是蜜蜂生产蜂王浆的真正原料。这时，刚刚从蜂房中羽化的小蜜蜂，每天大量食用这两种精华类的食物，一是为繁重的内勤工作提供足够的能量，二是促成蜜蜂各种腺体的发育，当这些蜜蜂发育到 5 日龄时，位于头部的王浆腺、上颚腺和涎腺三对腺体开始分泌一种复杂而神奇的混合物，这就是蜂王浆。每只蜜蜂终生分泌蜂王浆的时间十分有限，也就 7～10 天，超过这个时间，腺体就会退化，不能再泌浆了，可见蜂王浆之珍贵。

2. 蜂王浆是蜂巢中的"御膳"，专供蜂王和刚刚从卵中孵化的小幼虫食用　谈到蜂王，大家都知道，它是蜂巢中最重要、最核心的成员，所以它在蜂巢中也享受着最好的物质待遇，蜂王浆就是它的一日三餐。其实，蜂王承担着繁衍后代的重要职责，在正常的生产季节，一只蜂王每天要产 1 000～2 000 个卵，而且是每日连续不断的，如果没有营养丰富的蜂王浆，它根本不可能有这么旺盛的精力和生殖力。同样，蜂王浆也让蜂王获得了健康与长寿，它终生几乎没有疾患，寿命是其他蜜蜂的几十倍。

蜂王浆作为大自然"鬼斧神工"的造物，已经在地球上存在了亿万年之久，直到 20 世纪中期，蜂王浆才被人们所认识，经过 70 年的研究和实践，蜂王浆的成分、功效等不断被发现和证明，蜂王浆提高免疫力、美容养颜、抗衰老等作用不断得到科学的证明，这种天然物质为世界上千百万人的健康做出了贡献，未来必将获得更大、更广泛的应用，造福更多人。

对一个只拥有一次生命的人来讲，千重要万重要，健康长寿最重要，蜂王浆就是蜜蜂王国献给人类健康的珍贵礼物。

二、 为什么东方人更喜欢蜂王浆产品

当前，东方人或者说黄种人，比白种人、黑种人等更喜欢蜂王浆产品，造成这一情况的原因大致有四点：

其一，文化背景不同。东方人在几千年前就学习利用天然中草药防病治病，中药处方或"汉方"在东方国家非常流行。蜂王浆与这种传统文化底蕴是完全吻合的，自然更受到东方人的青睐。

其二，东方人更注重健康和疾病的预防，所以蜂王浆更适合东方人。

其三，现代科学研究证实，许多天然产物治病效果较好，对人体无毒副作用或毒副作用很小，这使得越来越多的人崇尚和热衷于中医药文化。长期的实践证明，蜂王浆有利于人体健康，能产生一定的作用，无形中在一些国家和地区形成了消费氛围。

其四，中西医两种疗法代表了两种不同的理念和方法。中医强调整体和系统，讲究辨证施治、标本兼治，讲究多组分"综合治疗"、整体治疗与蜂王浆的作用原理一致。西医西药讲究治标，强调"对症下药"，讲究局部点和靶向，"头痛治头，脚痛医脚"，所用药品基本为"单一制"的有效化学成分，虽然对一些疾病治疗效果快，但对系统性疾病无能为力，且一些药物毒副作用大长期使用还会产生抗药性和依赖性。

今天，蜂王浆消费的"热点"地带已经形成，即日本、中国、韩国等，以此为中心，辐射到许多东南亚国家和地区。

三、 为什么传统药典里未记载蜂王浆

翻开著名的传统中医中药药典，如《黄帝内经》《神农本草经》《本草纲目》《千金方》等，我们可以看到中医中用到的蜂产品有蜂蜜、蜂花粉、蜂毒、蜂子、蜂蜡等，唯独没有看到关于蜂王浆的记载，这到底是为什么？

早在东汉时期，我国就出现了养蜂鼻祖——姜岐。据文献记载，姜岐独自深居今秦岭西部甘肃天水，以养蜂取蜜为生，自此，养蜂才真正成为一门农业技艺并开始流传。此后，我们的养蜂先驱开始将驯养后的半野生态蜜蜂诱养到仿制的天然蜂窝或代用的木桶蜂窝中，逐渐向家养蜜蜂过渡。

直到 19 世纪末，在将近两千年的时间中，中华民族将野生中蜂逐步饲养为家养中蜂，经历了原始采集蜂蜜和人工饲养蜜蜂两个阶段。

作为土生土长的中华蜜蜂（简称"中蜂"），它能产蜂蜜、蜂花粉、蜂毒、蜂蜡等，当然也能生产蜂王浆，只不过因其生物特性的缘故，蜂王浆产量超低，导致古代养蜂人难以发现它的存在，更谈不上去采集和利用它了。因此，在史书记载中，几乎找不到蜂王浆的踪迹。

另外，传统养蜂谈不上真正的饲养，只不过是所谓的"养蜂人"给蜜蜂群提供了一个居住场所而已，与蜜蜂生活在大自然的野生状况基本一样，养蜂人一年到头，几乎不去干预或管理蜜蜂的正常活动。因此，他们对蜂巢内的情况几乎一无所知，而蜂群自己培育新蜂王的时间都在春末或夏季，也就是说，只有在这个时候才有可能发现蜂王浆，恰好这时养蜂人根本不会打开那些固定的、有蜜蜂子存在的巢脾，他们会避开蜜蜂的繁殖季节，只在每年秋末或早春，蜜蜂巢内尚无子脾的情况下，从蜂巢中割取一些蜂蜜。而这时，蜂群中是不可能有王台或蜂王浆的。

总之，古代人养蜂知识贫乏，对蜜蜂的认识十分有限，加之在整个蜂群繁殖生产季节，养蜂人几乎不与蜜蜂打交道，而中蜂群中，含有蜂王浆的王台出现时间短、数量少，且比较隐蔽，这可能就是蜂王浆未被先民认识利用，未被古代药典记载的真正原因。

由于古时候我们的祖先对蜂王浆、蜂胶等尚未认识，故在现代以前的所有中药药典中，都找不到关于蜂王浆、蜂胶的记载，更找不到关于蜂王浆、蜂胶等的应用和评价。

近些年来，蜂王浆作为一种天然的营养品，已被许多现代药典，如《中华本草》《中药大辞典》等列入中药的范畴，归入滋补类药，成为一味真正的中药。在《全国中草药汇编》一书中，蜂王浆已正式被我国商务部列入名贵中药材系列，并且成为重要的营养滋补药品之一。

四、蜂王浆的作用特点

1. 无明显毒副作用　用常规化学药物治病，常出现毒副作用，尤其是长期使用，可能会给人体的肝脏、肾脏等带来一定的健康风险。而长期服用鲜蜂王浆，不仅有利于健康，且不会产生不良反应。

2. 适应证多　日本学者松田正义称"人们誉蜂王浆为自有青霉素以来的宝药"，截至目前，国内外临床研究结果表明，蜂王浆对 30 多种疾病有一定的调理作用。

3. 滋补　蜂王浆是"药食同源"的天然滋补产品之一，可防病或用于强身，有利于健康，可作为病人治疗的营养补充剂。

4. 性价比高　与冬虫夏草等名贵中药材相比，蜂王浆的价格相对低廉，就其效果而言，蜂王浆比一些药品或保健品更为物美价廉。

5. 医疗效果奇特　对于大多数中、老年慢性病，中、西医都只能治标却难以治本，蜂王浆却有很好疗效。其脑血管、神经系统、消化系统、免疫系统的多种疾病（如糖尿病、高血压、因车祸导致脑神经挫伤、眩晕症等）以及外伤溃疡等有一定的辅助治疗效果。

6. 使用方便 蜂王浆可直接食用或外用，不需煎熬或调制。

7. 无痛苦 西医进行注射、手术时常有痛苦；中药苦口难吞咽；蜂王浆兑上蜂蜜服用，如喝糖水一般。

天然蜂王浆作用特点十分突出

五、 功能强大的蜂王浆

目前，以蜂王浆为主要原料的各种制品大量出现，除种类繁多的食品外，蜂王浆还被加工制作成各种营养品、健康产品以及美容养颜的日化产品等。

国家自认可保健品以来认可的种类共 33 种，分别是：①增强和调节免疫功能；②延缓衰老、延年益寿；③辅助降血糖；④辅助降血脂；⑤辅助降血压；⑥改善睡眠；⑦减肥；⑧抗氧化、抗衰老；⑨缓解疲劳、焕发精神；⑩对化学肝损伤

天然蜂王浆作用广汪而全面，是人类健康的保护神

有辅助保护作用；⑪促进消化、增进食欲；⑫抗突变、防癌抗肿瘤；⑬增强造血功能，改善营养性贫血；⑭辅助改善记忆、健脑益智；⑮营养神经，预防老年痴呆；⑯提高思维力和抗逆力；⑰调节肠道菌群，通便；⑱改善和促进生长发育；⑲抗菌消炎；⑳提高缺氧耐受力；㉑对胃黏膜损伤有辅助保护作用；㉒提高性功能；㉓对辐射危害有辅助保护作用；㉔清咽功能；㉕增强呼吸；㉖缓解视疲劳；㉗促进泌乳；㉘祛痤疮；㉙祛黄褐斑，美容养颜；㉚改善皮肤水分；㉛改善皮肤油分功能；㉜增加骨密度功能；㉝促进排铅功能。

综合国内外的蜂王浆研究成果，蜂王浆至少可以申请这些种类中的 25 种。具有如此多的功效，在国家批准的保健品原料中是极其罕见的。

随着未来我们对蜂王浆认识的加深，许多未知的功效将会被发现，蜂王浆必将会为人类的健康事业做出更大的贡献。

六、　中医对蜂王浆的认识过程

在我国中医药的历史上，许多蜂产品都被载入中药的史册，如蜂蜜、蜂子、蜂花粉等，然而在古代各种药典中几乎看不到蜂王浆的踪迹。

直到 1956 年 10 月，匈牙利养蜂专家波尔霞博士应邀来我国访问，在谈话中谈到蜂王浆的作用和经济价值，我国的养蜂工作者受到启发，开始进行蜂王浆生产、药理和临床应用的全面研究，并在短时间内取得了可喜的成果。

此后，我国医药科技工作者进行了艰苦的探索研究，从中医药角度出发，对蜂王浆的药性、药理、毒性以及功用主治等有了初步的认识。1962 年，蜂王浆首次被列入中药药典——《中华本草》（1962 年版），该书从中药的各个角度对蜂王浆进行了详细的描述，具有里程碑似的重要意义。

20 世纪 70 年代初，国家卫生部门组织专家编写《全国中草药汇编》一书，该书于 1975 年 9 月由人民卫生出版社出版，蜂王浆（当时称蜂乳）也作为一味独特的中药载入史册。

1977 年 7 月，由南京中医药大学编著、上海科学技术出版社出版了《中药大辞典》第 1 版，该书于 2006 年 3 月再版发行，对蜂王浆的医疗价值做了更详细的论述。

1996 年，《全国中草药汇编》编写组编写的《全国中草药汇编》（第二版　上册）第 907 页，记载了蜂王浆的应用。

1999 年，在国家中药管理局编委会组织编写的《中华本草》第九册，第 216～218 页中，论述了蜂王浆的医疗作用。

2010 年 2 月出版的《湖南省中药材标准》对蜂王浆做了更详细的叙述。

2012 年，《山东省中药材标准》第 336 页记载了蜂王浆冻干粉作为中药材的标准。

2017 年，《浙江省中药材标准》第一册第 54 页记载了中药蜂王浆的应用。

无论从药品的概念、定义，还是从权威的医药专著对蜂王浆的药理作用、功能与主治等进行的详细阐述来看，国家早已将蜂王浆列入了药品的范畴。

七、 蜂王浆并不是"万能药"

霍金先生生前曾调侃说，上帝在制造人时，错误地赋予了人类一个自私的基因。古今中外，人们对健康长寿的追求从未停止，甚至这种欲望在整个生命过程中胜过一切。大家总想找到长生不老的方法或"长生不老药"，总想创造一个"万能药"防治各种疾病的发生。

美国麻省理工学院的研究人员迈克·里德尔，利用细胞的天然防御能力抵御感染而研发出一种名为"DRACO"的"万能药"，在实验室所做的动物试验证明，该药成功地杀死了15种病毒，这是一种可以治疗由普通感冒、流感、艾滋病等病毒引起的疾病的药物。研发者甚至宣称，这种药物见效很快，如果服用及时，它能阻止任何病毒对机体的侵害，能治疗任何病毒引起的疾病！

即使这样，它也不是绝对意义上的仙丹妙药，我们有理由相信，人们永远也不可能找到一种包治百病的"万能药"。

我们对"万能药"的狭义理解是，某种药能对多种疾病产生疗效，如20世纪人类发明的抗生素就能对多种由于病原微生物引起的疾病产生出色的疗效。

蜂王浆自然也不是"万能药"，但它的确作用范围很广。

正像国内外大量临床实践证明的那样，蜂王浆对多种危害人体健康的疾病确实有很好的预防和缓解作用，对一些疾病的治疗堪称立竿见影，即使某些疑难杂症，利用蜂王浆治疗有时也会表现出奇特的效果。很多关注健康的人们对蜂王浆特别青睐，将其作为天然的保健食品，常年坚持使用，获得很好的结果。但不要因此将蜂王浆神话，夸大它的作用和疗效。

科学研究也证实，蜂王浆并不是万能药，它对某些致病微生物引起的疾病作用力还是很弱的，对有些遗传性疾病基本无作用。我们发现，有时即使患同种疾病的不同个体，由于其自身生理上的差异，蜂王浆所发挥的作用也不尽相同。在某些情况下，蜂王浆只能起辅助治疗作用。有时候，我们把蜂王浆与药物或其他成分配伍，其药效或疗效会大大增强。这些都充分反映了蜂王浆保健和治病的广泛性。

专家告诫说，如果您把健康的一切希望都寄托在蜂王浆上，那绝不是一种明智的选择。

八、 为什么说蜂王浆是女性终身的好伴侣

女性的一生可以分为 5 个生理阶段，从新生儿期到老年期，是一个渐进的生理过程。那么，蜂王浆对处于不同时期的女性有什么作用呢？

1. 新生儿期 一般把出生 4 周内的胎儿称为新生儿。新生儿主要依靠母乳喂养，尚无法自己取食，母亲的身体状况决定了泌乳的数量和质量，换言之，母亲的健康决定了孩子的健康。母亲在产后应大量摄入营养丰富的蜂王浆，每日 10～15 克，一方面可使自身体质得到快速恢复，另一方面，可保证充足的乳汁提供给婴儿，为孩子的成长发育打下良好的基础。

2. 儿童期 我们一般把孩子出生后至 12 岁左右的这段时间称为儿童期。此时孩子的饮食营养基本上都是由大人提供和主导的健康状况也受到家长的很大影响。

儿童期是孩子成长发育的关键时期，也是身体抵抗力相对较弱的时期，在这一时期为孩子提供安全、营养的食品非常重要，任何一种营养成分的缺失，都可能导致孩子发育不良甚至患病。我们建议，如果此时儿童健康状况不佳，如免疫力低下、易感冒、营养不良、食欲不振、消化不良、贫血等，可每日给儿童补充 5 克左右的鲜蜂王浆，与 10～20 克的蜂蜜混合食用，效果更佳。

3. 青春期 青春期以女性月经来潮、生殖器官发育成熟开始算起，一般为 12～18 岁。此时，女性的身体仍处在快速发育阶段，也是学习的主要阶段。青春期的生理变化和学习压力的增大，有可能引起贫血、神经衰弱等生理性问题，还可能出现某些心理上的变化，况且此时的女孩已经开始注重自己的形象，美容、化妆变为常态。

蜂王浆具有补血的作用，经常食用，能保持气血畅通，使面色红润、美丽，头发黑而发亮，皮肤有光泽、有弹性。同时，鲜蜂王浆还能消除青春痘，缓解痛经。

蜂王浆具有滋养大脑，营养、调节神经的功效，不仅有利于智力的发育和学习成绩的提高，而且还具有良好的安神、稳定心态和化解心理压力的作用。

4. 性成熟期　性成熟时期也是女性卵巢功能的成熟时期。在这期间，女性的生育力比较强，因此，性成熟期也被称为生育期，一般从 18 岁开始一直持续到 50 岁左右。

这个年龄段虽然是人生的黄金时段，但职业女性往往面临工作、生活、家庭的巨大压力。很多受到多重角色困扰的职业女性常常感到心力交瘁、体力不足，出现失眠多梦、记忆力减退、注意力不集中、工作效率下降等，同时，还可能引起偏头痛、荨麻疹、高血压、缺血性心脏病、消化性溃疡、支气管哮喘、月经失调、性欲减退等疾病。

对于女性来讲，延缓衰老的关键时期是在 36 岁以后。从这个年龄开始，女性体内雌激素含量降低，而雌激素是女性保持风采的关键。现代美容研究和实践证实，服用蜂王浆可使人精力充沛、身体健康，而且能使脸部皮肤红润，头发黑亮，不易起皱纹，从而保持美貌，充分证明"秀外必先秀内"。

鲜蜂王浆由 200 多种成分组成，含有人体必需的蛋白质，其中清蛋白约占 2/3，球蛋白约占 1/3，同时，含有 20 多种氨基酸，16 种以上的维生素，以及酶类、脂类、糖类、激素、磷酸化合物等，还含有丰富的乙酰胆碱、王浆酸、叶酸、多种微量元素等营养物质及一些未知物质。

蜂王浆丰富的营养物质不仅可以满足人体需要，增加人体抵抗力，调节内分泌，平衡代谢，增强体质，促进组织再生，从而起到防病治病、美容养颜、延缓衰老的功效，同时，蜂王浆还可以促进和增强表皮细胞的生命活力，改善细胞的新陈代谢，防止胶原和弹性纤维变性、硬化，滋补营养皮肤，使皮肤柔软、富有弹性，使面容滋润，从而推迟和延缓皮肤的老化。

这里还需特别强调的是，孕妇吃了鲜蜂王浆，胎儿和母体都能得到所需的营养，对于孕产妇和婴儿都会带来很大的好处。

蜂王浆含有多种天然激素，其中就包括促性腺激素，可以补充人体生理代谢所需的激素，调节雌激素分泌系统。

当女性进入更年期后，身体会出现多种不适症状，表现为精神抑郁、容易烦躁、疲劳无力等，这是性激素分泌减少或停止而引起的生理变化。此时，可以适当补充一些天然雌性激素，减少更年期综合征引起的不良反应，消除烦恼，恢复正常的生活和工作。

5. 老年期　处于老年期的女性生殖器官会逐渐萎缩，同时，卵巢功能完全消失且不会再有月经来潮。老年女性的生理和心理也发生了巨大变化，随着自身免疫力的快速下降，衰老和疾病伴随而来，高血压、糖尿病、癌症、心脑血管疾病、胃炎、肝炎、肺炎、肾炎、贫血等疾病给健康带来巨大风险。颐养天年、健康长寿将成为这个阶段的主题。

老年女性经常食用蜂王浆，可以改善营养状况，提高人体免疫力，降低炎症及贫血的发生；预防血管硬化，高血压；防治糖尿病、心脑血管等疾病。

蜂王浆还是一种很好的天然高级美容佳品。由于蜂王浆中含有丰富的维生素和蛋白质，还含有 SOD 酶，并有杀菌、促进细胞代谢等作用，是一种珍贵的美容用品，长期使用，可使皮肤红润、光亮、有弹性。

每日坚持服用 10～15 克优质鲜蜂王浆，20～30 克的蜂蜜，加上适当的户外运动，既可使人精力充沛、心情愉悦，又能强身健体，美容养颜，防止衰老，何乐而不为呢。

九、 蜂王浆让女性平安度过更年期

女性更年期是指卵巢功能开始衰退，直到绝经后一年内的时期。在绝经期前后，由于性激素分泌减少，很多女性会出现一系列精神及身体上的变化，如自主神经功能紊乱、生殖系统萎缩等。更年期多见于46—50岁的女性，临床表现为性衰老、心血管症状、精神症状、生理系统改变等。生理机能的剧烈变化和多种症状，令人非常烦恼。

蜂王浆是一种可供人类直接食用的高级营养品，对调理人体神经系统、内分泌系统、免疫系统、血液循环系统等效果明显，可以帮助女性平稳度过更年期。

国外医学家研究发现，女性更年期综合征是由于雌激素分泌减少和卵巢功能衰退引起的，常表现为精神轻度抑郁、焦虑急躁。因此，适量补充雌性激素，可以缓解由于雌性激素减少引起的各种内分泌代谢紊乱，加强身体对自身停止分泌激素的适应性，减少由于更年期综合征引起的不良反应，消除烦恼。

蜂王浆是调理更年期综合征理想的滋补营养品，其所含天然的雌激素和孕激素正好能满足女性身体的需要，坚持食用一段时间的蜂王浆，不仅可以补充身体所需的雌性激素，还能为身体提供综合性的营养成分，这是人工合成品不能比拟的。

人体衰老是由于体内沉积了过多的自由基，蜂王浆中含有清除自由基的过氧化物歧化酶。更年期的女性连续食用蜂王浆，可以增强人体清除自由基的能力，抑制自由基对机体的伤害，从而延缓衰老。蜂王浆含有丰富的蛋白质和多种维生素，能使皮肤富有弹性、润滑细腻，并能减少皱纹的产生。

蜂王浆是女性美丽、健康的保护神

十、 蜂王浆与男性健康

国内外大量的社会调查与医学统计显示：越来越多的疾病正快步向男性走来，并不断地严重威胁到男性朋友的身心健康。例如前列腺炎（20—50 岁的男性发病率高达 20％～40％）、性功能障碍、前列腺增生、高血压、糖尿病、疲劳综合征、肥胖综合征、脱发、秃顶等。这一切看来，好似男性更加脆弱。事

实也正是如此，全世界范围内男性的平均寿命要比女性要少上
2～3岁。这些危害男性健康的现状早已引起国际、国内卫生
组织的高度重视。为了让全社会关注男性健康，国家人口计生
委2000年决定，将每年10月28日定为我国"男性健康日"。

　　现代女性都很注重自身的保养，我们也希望更多地关爱家
庭中男性的健康。

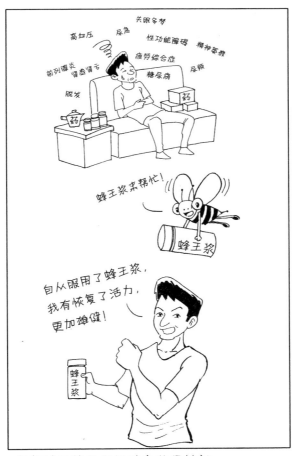

纯鲜蜂王浆是男性健康的保护神

　　健康应该从保健开始，保健不仅是一个常态事，而且是终身事。无论是男孩、男青年，还是男性老人，都应该享受这个时代带给他们的健康福利。男性的保养应该从食用保健品开始。

　　蜂王浆作为功能性健康食品，可用于改善男性亚健康状态。所谓亚健康，可简单理解为健康的透支状态。亚健康状态主要表现为精力不足，食欲减退，疲劳困乏，睡眠障碍，注意力分散，记忆力下降，颈、肩、腰、膝酸软疼痛，性功能低下等。蜂王浆具有独特的活性成分、均衡的营养、全方位的调理功能，对于改善和修复男性的亚健康状态很有帮助。

　　蜂王浆富含蛋白质、氨基酸、酶类、矿物质、维生素等上百种人体所需营养物质，能对人体进行全面调节，是男性较好的滋补食品，可以益气补血、滋养肠胃、改善心脑血管功能、增强人体抵抗力，增强男性精子活性。坚持食用蜂王浆能软化血管、调节血压，防治肾小球动脉硬化，更好地保护肾功能。蜂王浆还含有自然界唯其独有的王浆酸，能够消除人体内过多的自由基，延缓细胞的衰老速度。

　　蜂王浆富含的多种活性营养成分能促进组织再生，修复受损的肾脏组织，改善水肿、蛋白尿、血尿等症状。此外，蜂王浆能有效避免或逆转药物毒性等各种不良因素对肾脏造成的损害，显著提高人体免疫力和抗感染力。

　　此外，营养学家认为，蜂王浆是一种高活性的营养食品，服用后对精力不足、容易疲劳、工作压力大的男性补充脑力、缓解疲劳很有帮助，男性可以长期服用蜂王浆。

Chapter 5
第五章
蜂王浆的价值与价格

一、 为什么说蜂王浆是高级营养滋补品中的王者

近些年来，随着人们生活水平的提高和健康意识的不断加强，我国营养品产业，尤其是滋补产品，发展十分迅速，营养滋补产品的年销售量以20％以上的速度递增。随着健康中国行动计划的进一步实施，乐观估计，未来，滋补强身产品市场将保持20％以上的年增长率。我国全民健康事业又一次驶入高速发展的轨道。

中国传统滋补品有药品，也有食品，可谓是源远流长、包罗万象。这些传统滋补品已被证明能够补充人体所缺乏的营养物质，提高人体抗病能力，消除虚弱病症等。

有人曾列出所谓的"十大高级滋补品"，即人参、鹿茸、冬虫夏草、燕窝、海参、灵芝、铁皮石斛、珍珠、雪蛤、西洋参。这类产品功效显著，但价格相当昂贵。

但我认为，高级滋补品中如果缺少了鲜蜂王浆、蜂花粉，那一定不完美！

鲜蜂王浆中含有丰富而全面的营养成分，虽已经半个多世纪的研究，在科技高度发达的今天，仍有大约3％的成分未被

分析出来，被称为"R物质"。

鲜蜂王浆含蛋白质11％～14.5％、糖类13％～17％、总脂类6％，矿物质1％左右。此外，还含有多种生物活性物质。据分析，它几乎含有人体生长发育所需要的全部营养成分，而且没有一种物质对身体有毒副作用。

蜂王浆中有较为丰富的蛋白质，约占蜂王浆干物质的50％，基本上都是人体极易吸收的高活性蛋白质，如类胰岛素类、活性多肽类等。特别是蜂王浆中血清蛋白和球蛋白的含量比例，与血液中这两种蛋白的比例十分相近，都为2/3：1/3，因此极易被人体直接吸收并利用。

蜂王浆中维生素的种类也很多，且含量高、搭配合理；氨基酸种类也十分齐全，人体所必需的8种氨基酸蜂王浆中都有。

此外，蜂王浆中还含有20多种游离脂肪酸、糖类、类固醇、酶类物质和矿物质等，这些都是人体生命活动不可缺少的物质。

国内大量研究证明，无论是对脾、肾、心、肝、肺五脏，还是对胃、大肠、小肠、三焦、膀胱六腑，蜂王浆都有较好的滋补和调理作用。

蜂王浆对缓解心血管系统疾病有一定效果，可以增强造血系统功能，促进组织再生，还可以降低血糖，控制糖尿病，辅助治疗妇科病，预防和减轻更年期综合征。

西方医学进一步研究证实，蜂王浆对骨髓、胸腺、脾脏、淋巴组织等免疫器官，甚至整个免疫系统均可产生有益的影响，能激发免疫细胞的活力，调节免疫功能，刺激抗体的产生，增强身体免疫力。

这些科学结论和事实，无不证明了蜂王浆在营养滋补品中的重要地位，营养滋补大可首选蜂王浆。

二、 科学评估蜂王浆与冬虫夏草

　　千百年来，在中国传统的滋补精品中，当数人参、虫草备具推崇。它们基本都是达官贵人享用的高级滋补品。

　　冬虫夏草虫体呈金黄色、淡黄色或黄棕色，因价格昂贵又有"黄金草"之称。由于冬虫夏草本身需要一个相对严格的环境才能够生长，相对于国内种植的野生的冬虫夏草，产于四川、云南、西藏等地的冬虫夏草药用价值高、功效好。长期以来，虫草在国内被视为珍品，但因其天然资源量稀少，价格十分昂贵，最贵的冬虫夏草售价能够达到一千克几十万元。

　　研究表明，冬虫夏草具有抗寒、抗疲劳、抗肿瘤、抗惊厥、镇静、降温等作用，主要功效是补益肺肾，止血化痰。蜂王浆与冬虫夏草的对比如表 5-1 所示。

表 5-1　蜂王浆与冬虫夏草

名称	蜂王浆	冬虫夏草
定义	为蜜蜂科动物中华蜜蜂等的工蜂咽腺及咽后腺分泌的乳白色胶状物	为麦角菌科植物冬虫夏草菌寄生在蝙蝠蛾科昆虫幼虫上的子座及幼虫尸体的复合体
功效	具有滋补，强壮，益肝，健脾之功效。用于病后虚弱、小儿营养不良、老年体衰、白细胞减少症、迁延性及慢性肝炎、十二指肠溃疡、风湿性关节炎、高血压、糖尿病、功能性子宫出血及不孕症，亦可作癌症的辅助治疗剂	具有补肾益肺、止血化痰功效。主治阳痿遗精、腰膝酸痛、久咳虚喘、劳嗽痰血

（续）

名称	蜂王浆	冬虫夏草
入药部位	工蜂咽腺及咽后腺分泌的乳白色胶状物	子座及幼虫尸体的复合体
性味	甘、酸，平	甘，平
归经	归肝、脾、肾经	归肺、肾经
功效	滋补，强壮，益肝，健脾，补肾	补肾益肺，止血化痰
主治	用于病后虚弱、小儿营养不良、老年体衰、白细胞减少、迁延性及慢性肝炎、十二指肠溃疡、风湿性关节炎、高血压、糖尿病、功能性子宫出血及不孕症，亦可作癌症的辅助治疗剂	1. 阳痿遗精，腰膝酸痛：本品补肾益精，有兴阳起痿之功。用治肾阳不足，精血亏虚之阳痿遗精、腰膝酸痛 2. 久咳虚喘，劳嗽痰血：本品甘平，为平补肺肾之佳品，功能补肾益肺、止血化痰、止咳平喘，尤为劳嗽痰血多用
相关配伍	1. 治急性传染性肝炎：用10%蜂乳蜂蜜。4岁以下每日5克，5～10岁每日10克。10岁以上每日20克。20天为1疗程，对肝功能有良好的改善作用 2. 治进行性营养不良症：每日口服蜂乳10.0～15.0克，连服一个月以上 3. 治慢性风湿性关节炎：每日服蜂乳10.0克，连服3～6个月	1. 治肾阳不足，精血亏虚之阳痿遗精、腰膝酸痛可单用浸酒服，或与淫羊藿、杜仲、巴戟天等补阳药配成复方用 2. 治劳嗽痰血多用。可单用，或与沙参、川贝母、阿胶、生地、麦冬等同用。若肺肾两虚，摄纳无权，气虚作喘者，可与人参、黄芪、胡桃肉等同用 3. 治病后体虚不复或自汗畏寒，可以本品与鸡、鸭、猪肉等炖服，有补肾固本，补肺益卫之功
用法用量	内服：温开水冲，5.0～10.0克	煎服，5～15克。也可入丸、散
使用注意	湿热泻痢者禁服	有表邪者不宜用

（续）

名称	蜂王浆	冬虫夏草
化学成分	蜂王浆含粗蛋白11%～14.5%、糖类13%～15%、脂类6.0%、矿物质0.4%～2%、未确定物质2.84%～3.0%；含有26种以上的脂肪酸，目前已被鉴定的有12种，还含有自然界独有的物质王浆酸。同时，蜂王浆含有9种固醇类化合物，目前已被鉴定出三种，它们是豆固醇、胆固醇和谷固醇，另外还含有矿物质、铁、铜、镁、锌、钾、钠等	本品含蛋白质氨基酸的游离氨基酸，其中多为人体必需氨基酸，还含有糖、维生素及钙、钾、铬、镍、锰、铁、铜、锌等元素
药理作用	1. 延缓衰老，促进生长 2. 增强肌体抵抗能力 3. 对内分泌系统的影响 4. 降脂、降糖作用及其对代谢方面的影响 5. 对心血管系统的影响 6. 对免疫功能的影响 7. 抗肿瘤及抗辐射作用 8. 抗病原微生物作用 9. 其他作用。蜂乳给予大鼠10天，发现0.5毫升/千克剂量可使血红蛋白升高。家兔静脉注射蜂乳30毫克/千克，家兔血钙减少，血中磷酸酶活性降低	对中枢神经系统有镇静、抗惊厥、降温等作用，对体液免疫功能有增强作用，虫草的水或醇提取物可明显抑制小白鼠肉瘤等肿瘤的成长，虫草菌发酵液可对抗家兔心肌缺的ST段改变，虫草菌对大鼠应激性心梗也有一定的保护作用，虫草水提液对大鼠急性肾衰有明显的保护作用
相关论述	《中国动物药》："滋补强壮，益肝健脾。治病后虚弱，小儿营养不良，年老体衰，传染性肝炎，高血压，风湿性关节炎，十二指肠溃疡，支气管哮喘，糖尿病，血液病，精神病，子宫功能性出血，月经不调，功能性不孕症及秃发等。"	1. 《本草从新》："甘平保肺益肾，止血化痰，已劳嗽。" 2. 《药性考》："味甘性温，秘精益气，专补命门。"

蜂王浆与滋补品王者虫草比高低

从上述鲜蜂王浆与冬虫夏草的各项指标对比中不难发现，无论在产品的化学营养成分、毒性作用，还是功效、药理作用等方面，蜂王浆都是当之无愧的佼佼者。而鲜蜂王浆的售价远远低于冬虫夏草，说明蜂王浆在价格和功效上都有着更大的优势。

如今，冬虫夏草已被国家判定不属于药食两用物质，且有专家认为长期食用存在较高风险；而蜂王浆已成为出口的重要营养品之一。

三、 蜂王浆消费的文化差异

商品是为了出售而生产的劳动成果，是用于交换的劳动产品。商品的基本属性是价值和使用价值，价值是商品的本质属性，使用价值是商品的自然属性。商品的本质是满足消费者的需求，包括生理、心理、精神、感官等。

衣食住行贯穿于每个人的一生，换言之，每一位社会成员都是物质商品、文化商品的消费者。一个消费者选购一种商品，往往受到多种因素的影响，最直接的有以下 4 种因素：

1. 社会文化因素　文化是人类欲望和行为最基本的决定因素，它对消费者的行为具有最广泛和最深远的影响，不同时代、地域、种族、宗教信仰、知识水平、文化素养、价值观等都会对消费者的行为产生影响。

2. 个人因素　个性是一个人所特有的心理特征，生活方式是一个人所表现的有关其活动、兴趣和看法的生活模式。消费者购买行为也受其所处年龄、所处的生命周期阶段、职业、经济状况、个性及自我观念的影响。

3. 精神心理因素　精神的需求是指满足人的心理和精神活动的需要，如人的自尊、求健、求乐、求美、求新等。与物质需求相比，精神上的需求是高一层次的需求。消费者购买行为还受其个人的动机、知觉、信念以及态度等主要心理因素的影响。

4. 需求和价格因素　消费需求是指目前具有明确消费意识和足够支付能力的需求。物质消费需求是指人们对物质生活用品的需要。消费需求与消费者的收入水平密切相关，总体来讲，收入越高，对商品的品质要求越高，对商品的需求量越大。

随着人们生活水平的日益提高，消费者对商品的需求和欲望越来越高。消费需求也呈现出多样化、多层次的特点，并由低层次向高层次逐步发展，消费领域不断扩展，消费内容日益丰富，消费质量不断提高。

蜂王浆作为一种商品，其消费也受到许多因素的影响。

放眼世界，蜂王浆消费以知识水平和文化素质较高、经济超前的发达国家为主。亚洲国家主要包括日本和韩国，欧洲国家主要有英、法、德三国，美洲地区以美国、加拿大为主，中东地区以阿联酋和以色列为主，大洋洲以新西兰和澳大利亚为主。

从全国范围看，蜂王浆的消费者绝大部分集中在北京、上海、南京、杭州、广州、深圳、珠海以及其他各省会城市，显然，这些地域的人们收入水平较高，健康意识较强，文化素质相对也较高。

从中不难看出，蜂王浆的消费带有浓重的文化色彩。受教育程度越高，经济收入越高，对蜂王浆的认知水平越高，对自己健康的关注程度也越高。

普及蜂王浆知识，让更多人认识蜂王浆、食用蜂王浆，将会使国民的健康得到较好的改善和提高。

四、 蜂王浆对生命的价值

一种产品的买卖价格是否就真正反映了它的价值呢？并不纯粹是这样的。蜂王浆不仅在滋补、调理身体机能方面表现突出，而且在某些疾病的防治、美容养颜、延年益寿方面也有一定的效果。因此，蜂王浆越来越受到广大消费者的关注和喜爱，应用越来越广泛，天然鲜蜂王浆在国际上被誉为"软黄金"。

坦率地讲，一种能换来生命和健康的产品，我们几乎很难用金钱数字来衡量。因为人的生命只有一次，譬如，一位顶级的科学巨匠，他受疾病困扰、生命垂危，如果我们用1公斤的鲜蜂王浆能够挽救他的生命，他有可能创造出极高的价值，对我们的社会做出更大的贡献。如此说来，这1公斤蜂王浆的价值真是无法估量了！

再从国际的角度来看，由于国家之间的贫富差距很大，自然消费水平也大不相同了，所以，同样1公斤鲜蜂王浆，在世界各地的售价简直是天地之差，在发达国家（欧美日韩等），1公斤鲜蜂王浆的售价普遍在6 000元以上。售价最高的国家当数新西兰，1公斤鲜蜂王浆售价达20 000～25 000元，而在我

在国际上，天然蜂王浆被誉为"软黄金"

国及其他发展中国家，1公斤鲜蜂王浆的售价相对就低多了。

这一方面反映了不同国家和地区的收入差别，体现了收入和消费的关系，更重要的彰显了不同地区的人们保健意识的强弱和对健康的重视程度的差别。一个连肚子都填不饱的人，您还希望他保健、养生，这是很不现实的。

五、　蜂王浆的营养价值

在谈及蜂王浆的营养价值之前，我们有必要先了解一下正常人体生命活动需要的蛋白质、糖类、脂肪、维生素、水、无机盐、膳食纤维七大营养物质。

蛋白质是构成人体细胞的基本物质；糖类是人体最重要的供能物质；脂肪是人体内备用的能源物质；维生素既不是构成组织的主要原料，也不是供应能量的物质，但它对人体的各项生命活动有重要的作用；无机盐是构成人体组织的重要原料；

水是细胞的主要成分，营养物质和废物也必须溶解在水中才能被运输；膳食纤维是第七类营养素，是一般不易被消化的食物营养素，主要来自植物的细胞壁，包含纤维素、半纤维素、树脂、果胶及木质素等，纤维可减缓消化速度并快速排泄胆固醇，将血液中的血糖和胆固醇控制在理想水平。

食品的营养价值是指某种食物所含的营养素和能量满足人体营养需要的程度。一般认为，含有一定量的人体所需的营养素的食品，就具有一定的营养价值；含有较多营养素且质量较高的食品，则营养价值较高。

食品营养价值的高低取决于食品中的营养素是否齐全、数量多少、相互比例是否适宜，以及是否易于消化、吸收等。一般来说，食品中所提供的营养素种类及其含量越接近人体需要，则该食品的营养价值就越高，比如母乳对于婴儿来说，营养价值就很高。

不同食品因营养素的构成不同，营养价值也不相同。比如，蜂蜜食品的营养价值主要体现在能够提供较多的糖类，但其所含的蛋白质的质和量都相对较低，所以其营养价值相对较差；蔬菜、水果可提供丰富的维生素、矿物质和膳食纤维，但蛋白质和脂肪的含量很少，因而营养价值较低。对于市场上的一些饮料，由食品添加剂，如食用色素、香精和人工甜味剂加水配制而成，则几乎无营养价值可言。

人们通常所说的动物蛋白质的营养价值比植物蛋白质高，主要是就其蛋白质的质而言，因为动物蛋白质所含的必需氨基酸的种类以及相及的比例关系更适合人体需要。

食品的营养价值是相对的，即使是同一种食品，由于其产地、品种、部位，以及烹调加工方法不同，营养价值也有所不同。一般来说，食品中所提供的营养素种类和含量越接近人体需要，该食品的营养价值越高。

　　蜂王浆是工蜂分泌的物质，用于喂养蜜蜂的幼虫。如果幼虫没有被选作未来的蜂王，供给就会比较有限，且会早早"断浆"，而对于成为王位继承者的幼虫，这种物质的供应就很充足并始终不断。"蜂王浆"的名称，就是来源于此。

　　蜂王浆含有大量的功效成分，具有特定的功效，适用于不同的特定人群，能调节人体的各种机能。蜂王浆富含多种营养素，营养价值较高，是能广泛使用的人体机理调节剂和营养补充剂。

　　目前市场上销售的营养品分为两大类，一类是天然营养品，如蜂王浆、蜂胶、蜂花粉、人参、鹿茸等，有的已经用了成百上千年，经过时间考验，没有毒副作用，效果明显。另一类为人工合成和提取的营养品，如各种口服液等。

　　有一点医学常识的人都知道纯天然营养品更好，而在所有的天然营养品中，鲜蜂王浆可谓是效果好又经济实惠的营养品了。虽然燕窝、海参、阿胶等营养品的功效也不错，但相对来说，鲜蜂王浆更胜一筹，因为它的性价比更高，价格要比其他几种便宜很多，且营养功效也很强。

六、 蜂王浆对健康的价值

　　我们能入口的东西，从国家法律层面分为食品保健品和药品食对应着每个人，保健品主要用于亚健康人群，药品主要用于患病的人群。它们的价值各有不同。

　　纯天然蜂王浆是大自然和蜜蜂王国馈赠给人类的佳品，是集多种价值于一身的理想产品。一方面，蜂王浆能预防多种疾病，另一方面，它对一些慢性病和疑难杂症有一定的辅助作用。那么，蜂王浆对健康的价值体现在哪些方面呢？

　　蜂王浆对健康的价值体现在很多方面，其含有的丰富的蛋白质、氨基酸、维生素、脂肪、乙酰胆碱等人体所需的营养物质，除了能及时补充人体所需，还可维持患者体内的营养平衡，增强人体对多种致病因子的抵抗力。国内外几十年的临床研究报告和文献记载证明，蜂王浆对至少 26 种疾病有效，且这一数字还在与日俱增。于是，大家都会提出一个严肃的问题：蜂王浆适用于哪些疾病？

北京医学院林志彬研究了蜂王浆对几种实验性炎症的影响。他们发现，以 4 克/千克剂量的蜂王浆注入腹腔，可以抑制二甲苯引起的小鼠耳部渗出性炎症，证明了蜂王浆具有抗炎症作用，对炎症早期的血管通透性亢进、组织液渗出以及水肿都有明显的抑制作用。此外，他们还证明饲喂蜂王浆能够增强小白鼠腹腔巨噬细胞的吞噬活力，这与保加利亚科学工作者们对人体的研究结果一致，后者发现，肌肉注射蜂王浆 15 天后，可使血液中白细胞吞噬葡萄球菌的活性增强。

近年来对于蜂王浆进行电泳分析证明，蜂王浆内含有大家熟知的丙种球蛋白，而且含量高达 10 单位/毫升。丙种球蛋白具有抗菌、抗病毒和毒素等重要作用。所以服用蜂王浆以防治支气管炎、尿路感染以及流感，也是可以信赖的。

蜂王浆对调节血糖、防治糖尿病有一定的效果。因为蜂王浆内含胰岛素样肽类，其分子量与牛胰岛素相同，而胰岛素是治疗糖尿病的特效药物。当然，蜂王浆能使糖尿病症状减轻的原因可能不只这么简单，但胰岛素肽类在蜂王浆内的发现，可使成千上万的患者宽心地服用蜂王浆。

蜂王浆对高血压、高血脂也有效果，有助于稳定血压。蜂王浆还能够改善消化代谢系统，调节胃酸水平，调理胃肠道功能，可以用于预防多种肠胃疾病及肝病。

此外，蜂王浆具有杀菌、消炎、抑制病毒、抗辐射等作用，对化脓球菌、大肠杆菌、金黄色葡萄球菌都有一定的抑制作用，以增强人体的抗病消炎能力，防治各种炎症、感染、溃疡病、支气管哮喘，减少辐射损伤。

同时，蜂王浆可增加白细胞数量，缓解白细胞减少症、贫血和白血病。尤其是对于贫血引起的头痛、头晕，服用一个月的蜂王浆，能够获得理想的效果。

蜂王浆对老年体衰患者特别适合，效果更好，还可辅助治疗妇科病、预防和减轻更年期综合征。

七、 蜂王浆的商品价值

价值规律告诉我们，商品价值是生产商品所花费的社会必要劳动，它是商品价格的本质。

蜂王浆作为一种商品，它的价值是由生产过程所耗费的社会必要劳动时间、资源、设备等决定的，它的价值往往以价格的货币形态表现出来。

蜂王浆产品及其制品具有价值和使用价值。它的价值凝结在生产蜂王浆的各种劳动（包括体力劳动和脑力劳动）过程中。使用价值是蜂王浆产品的自然属性，是指蜂王浆这种商品对人的有用性（例如营养作用、美容养颜作用等）。显然，蜂王浆的使用价值是凝结了各环节的劳动所创造的。

天然资源是自然形成的，它们无法自发形成价值。例如，自然界各种植物年复一年产生大量的花蜜、花粉等，就属于天然资源，它们存在于自然界而未形成价值，如果没有蜜蜂的采集、酿造、加工等辛勤劳动，没有养蜂人员的采集收获，没有工厂员工的加工、检验、包装等，就不会上升为有价值的蜂蜜、蜂花粉等商品，只会年复一年地流失浪费。

蜂王浆的价值由两部分构成：一是蜂王浆生产中消耗掉的生产资料的价值，即蜜蜂要分泌蜂王浆或养蜂人要生产蜂王浆，首先泌浆蜂需要消耗大量的蜂蜜和蜂粮，也就是要消耗掉这些生产资料的价值。二是生产蜂王浆过程中劳动所创造的价值。这个过程包括两个方面，其一是养蜂人经过饲养，繁殖蜜蜂，采购相应的生产蜂王浆设备；其二是企业员工利用设备对原料进行加工、检测、包装、贮藏等耗费的人力、物力等所创造的价值。

蜂王浆的生产至今仍是一个劳动密集型的产业，过程也比较复杂和烦琐，需要经过养强群→准备生产工具→育虫→移虫→泌浆→割蜡盖→取虫→取浆→冷藏→清理台基等一系列过程才能完成蜂王浆原料的生产，目前的生产效率也比较低下，换言之，蜂王浆的生产成本是很高的。

如果您拥有 6 万～8 万只蜜蜂，要生产 1 千克鲜蜂王浆，按照目前的科技和生产水平，需要付出多少劳动成本呢？下面让我们仔细计算一下。

我们生产所用的王浆框上安放着 100 个王台基，假设移虫的接受率是 100%，外界蜜粉源充足，每只王台平均 3 天产浆 0.50 克，生产 1 千克鲜蜂王浆大约需要 2 000 个王台、20 个生产周期，即大约需要 60 天的时间才能完成 1 千克鲜蜂王浆的生产，可见，蜂王浆生产是一项多么艰苦的劳动！

如果外界天气或者蜜源等条件不好，蜂群不够强壮，生产技术水平不高，生产 1 千克鲜蜂王浆的成本还要增加。

蜂王浆的价值是其使用价值的客观性与人们相应认识的主观性的对立统一。蜂王浆的使用价值是客观的，它不依人们对它的主观认识的水平而发生改变。蜂王浆使用后对健康的影响是客观的，他不因为您是否认识它而存在，它也不以厂家的宣传而改变，甚至不因科技发展、政策法规的变化而改变。同时，蜂王浆的价值也是生产（劳动）者主观评价与消费者主观评价的对立统一。蜂王浆价值的确定，不单基于消费者的主观评价，同时也基于生产（劳动）者的主观评价。只讲生产，无视人们的主观评价和需求，或只讲主观评价和需求，无视生产，都否定了价值领域矛盾的客观性。无论是生产（劳动）者对商品的主观评价，还是消费者对商品的主观评价，显然都是基于商品自身的使用价值。这种使用价值和人们的主观评价都是客观存在的，而且也是完全必要的。

人的需求总有轻重缓急，如果人们较低层次的需求不能够得到满足，则较高层次的需求一般不会纳入现实的消费计划中。因此，只有更多人认识到蜂王浆的使用价值——营养价值和药用价值，只有更多的人解决了温饱问题，追求更健康的生活方式，蜂王浆的商业价值才能得到更好的体现。

八、　蜂王浆的价格漫谈

价值规律告诉我们，商品价格只是商品价值的货币表现，商品有了价值，才能用货币形式来表现，从而产生价格。价格不仅是劳动、资源等的成本体现，还是具体商品品质以及同类商品的比价体现。

蜂王浆的价格与其成本密切相关。蜂王浆及其产品的价格构成包括饲养蜜蜂、采收蜂王浆、厂房设备、生产加工、包装检验、储存运输、国家税金及企业利润等成本要素。当然，成本是一个动态概念，十年前生产 1 千克蜂王浆的成本和今天大不相同，相信十年后的成本会更高。而同一时间段内，发达国家和发展中国家相比，劳动的时间成本也是不一样的，发达国家生产成本较高；使用机械减少甚至取代人工劳动，也会让效率上升、成本下降。

蜂王浆的成本、价格和使用价值至少有以下三大特点。

1. 同样的劳动，创造的价值不同　生产 1 千克蜂王浆所付出的劳动时间或劳动量一样，但是它消耗的生产资料、人工成本和创造的价值是完全不一样的，例如，一个中国养蜂者与一个日本的养蜂者，同样饲养 10 群蜜蜂，生产 1 千克的蜂王浆，凝结的劳动量可能是基本一致的。但由于人员所在地薪酬、所用设备价格及货币价值的巨大差别，在日本生产 1 千克鲜蜂王浆至少需要 500 美元，所以，它的售价往往可以达到 1 000～1 500 美元/千克。在中国，生产 1 千克鲜蜂王浆的成本只需要几百元人民币，其售价相对于日本显然也就低多了。

2. 蜂王浆资源的稀缺性　"物以稀为贵"，从某种意义上讲，全球每年的蜂王浆产量只有 4 500 吨左右，世界年人均 0.7 克，属于典型的稀缺资源。新西兰全国每年的蜂王浆生产量大约只有 0.5 吨，资源十分稀缺，故鲜蜂王浆的售价高达 20 000～30 000 元/千克。我国劳动力资源丰富，年产蜂王浆约 4 000 吨，占世界总产量的 90% 左右，相对于其他国家，价格就低了许多。

蜂王浆市场供需数量的对比决定了它的价值和未来的价格走势。在可以预见的将来，蜂王浆的价格会快速大幅度提高，原因就是它的稀缺性在不断增加。一则中国作为世界上最大的蜂王浆生产国，养蜂人员老龄化问题严重，未来一段时间会大幅减少，这也意味着未来蜂王浆产量的大幅度下降；二则国内国际蜂王浆的消费在持续快速增长，这种"求大于供"的供需关系必然反映在产品的价格上，带来价格的上涨和价值的提升。

3. 蜂王浆的增值性　1 千克蜂王浆，假设按原料出售，其价格为 1 000 元，但若将其加工成化妆品、药品，它的价格就会成倍增加。同样，假设 1 千克蜂王浆在国内的销售价为 1 000 元，出口到日本、新西兰等国家，它的价值立马提升好几倍，每千克售价达到 6 000 元以上。

除此之外，蜂王浆的价格还受到产品类别（主要指食品、营养品、日化产品等）、劳动力资源、科技发展、品质、产量、产地、包装宣传、物流、国家税收、企业利润以及人们的收入水平、消费意识和文化层次等多重因素的影响，但我认为，随着时间的推移，这种稀缺资源会越来越受到人们的青睐，各种成本会持续提高，其价格必将水涨船高。

九、 蜂王浆的价格是由什么决定的

食用蜂王浆的人一定会关心蜂王浆的价格，客观来讲，价格在某种意义上就是蜂王浆价值的体现，一般而论，价格越高，产品品质和服务越好。

首先，蜂王浆的价格是由它内在的质量决定的。质量对消费者来说是个相对笼统模糊的概念，而对专业人士而言，它又非常具体。蜂王浆的质量优劣是由许多因素决定的，如生产蜂王浆的蜂群的健康状况，蜂巢有无使用抗生素等药物防治病虫害，蜜蜂群所处的周围环境有无污染、田地有无使用农药等，蜂群有无饲喂其他糖类、人工饲料等，生产蜂王浆的蜂场是否干净卫生，生产出的鲜蜂王浆能否及时冷藏保存等。

极品蜂王浆显然要具备很多的条件，一是生产蜂王浆的蜂群必须是健康的，如果不健康，蜂群很可能就要使用抗生素等药物来防治病虫害，而这些药物很可能对蜂产品造成污染。二是蜂场周围的环境要好，所谓的环境好，是指周围的蜜粉源植物是没有使用农药的，如果使用了农药，很可能会导致蜂王浆农药残留超标的问题。三是生产蜂王浆的环境，有的蜂农非常注重生产环境的整洁卫生，有的蜂农则不然，生产蜂王浆的环境脏乱差，这有可能导致蜂王浆被某些空气中的杂菌或者有害物质污染。

蜂王浆属于高活性天然产品，在生产、运输、加工、储存、食用各个环节对其进行保鲜非常重要。新生产出的蜂王浆一定要及时冷藏保存，以至于在运输、储存过程中也要保持低温冷链，这对保持蜂王浆的活性和质量有很大影响。如果温度过高，蜂王浆的某些敏感成分就会受到破坏，或者说活性就会降低，这样的蜂王浆，食用后的效果自然就要打折扣。

有的蜂王浆品质低劣，活性已经下降，或者说已经变质，这样的蜂王浆往往售价相对偏低，吃了对身体不但没有好处，可能还会产生一些负面的影响。

反过来讲，好的蜂王浆是用健康的蜂群在环境卫生良好的条件下生产出来的，而且所产的蜂王浆又得到了及时的冷冻保鲜，保持了蜂王浆原有的活性成分，使用后会获得较好的效果，这样的蜂王浆售价相对要高很多。

除上述原因外，蜂王浆的价格还受到许多宏观因素的影响，如不同时代的货币价值、不同的时代、不同的生产技术水平、产品的供求关系、不同国家的收入差距、人们的健康意识等。

比如说，20世纪80年代初期，刚大学毕业时，每月工资为56元，而当时蜂王浆售价高达400~500元/千克。食用1千克蜂王浆，就需要花费大半年的工资；今天，一个刚毕业到社会上工作的年轻人，每月工资少则三、四千元，多则上万元，一个月的工资就可以买好几千克的蜂王浆。这样一算，蜂王浆的实际价格便宜了十几倍。

再比如说，20世纪80年代中期，全国蜂王浆生产的技术水平很低，生产量非常少，一群蜜蜂年产1千克鲜蜂王浆已经很了不起了。生产的蜂王浆主要用于换外汇，90%以上出口到日本、韩国、美国、德国、法国、英国等发达国家。我们有一句话叫"物以稀为贵"，可见，那么少的蜂王浆在当时卖到几百元一千克的价格也是相当合理的。后来，随着科学技术的进步、生产工具的改进和生产水平的提高，蜂王浆的产量也在持续增加，自然而然蜂王浆的价格也就随之回落了。

即使今天，全世界蜂王浆的价格也存在巨大差异，这主要是世界经济发展不平衡、收入水平差距较大造成的。在大洋洲的新西兰，1 千克鲜蜂王浆售价仍高达 20 000～30 000 元。在日韩、欧美等地区的发达国家，1 千克鲜蜂王浆的售价也都超过 6 000 元。也就是说，在不同的地域，由于收入的差别，大家对健康的关注程度不同，1 千克鲜蜂王浆的价格也截然不同。

十、 外国的蜂王浆就一定值高价吗

国家是一个人为的概念，"外国"更是一个相对概念，它是指一个国家之外的其他国家，所以，把外国的天然产品与本国比较的做法本身就不太科学。

站在科学的立场上，比较两个不同地区所产蜂王浆的优劣是可行的，包括比较蜂王浆产自某种蜜粉源植物，生产这种蜂王浆的自然环境怎样，生产方式或生产操作规程是否得当等。此外，蜂场的卫生条件、运输过程、储藏条件等是否科学规范，蜂巢内的环境，蜂王浆是否有掺杂施假等，都会影响到蜂王浆的质量，进而会影响到产品的质量和价格。

有时，某些公司的商人出于宣传的需要，试图找到一个所谓的"卖点"，常常置科学事实于不顾，臆想或虚构一个所谓的"概念"大肆宣传。例如，新西兰的商人主要强调本国的环境生态优秀、宣传在此条件下生产的鲜蜂王浆原料如何好，于是，国内对新西兰本地所产蜂王浆大加赞扬，长期的宣传，甚至已经在人们脑海中打下了深深的烙印，形成了一种难以改变的错误。今天，新西兰市场上销售的绝大部分蜂王浆产品，价格均超过 20 000 元/千克，当然，还有些国家的不法商人将从中国或其他地区进口的蜂王浆，贴上本国产的标签，同样可以高价出售，这实在滑稽可笑。

我们从科学和事实出发，对比新西兰等国与中国所产的蜂王浆的组成和含量，发现各主要成分含量差异不大，甚至我国西北、西南、东北等地所产的蜂王浆质量非常好，各项指标绝不输给外国产的蜂王浆，一些有效成分的含量远超国外所产的蜂王浆。用这样的优质原料生产的蜂王浆产品绝对也是世界一流的。

十一、 买到低价的蜂王浆一定占了便宜吗

常常有人问我，市面上出售的蜂王浆种类很多，价格相差悬殊，甚至都是鲜蜂王浆，每公斤的价格也会有巨大的差异，原因是什么？

民间有两句颇具哲理的话，一句是"便宜没好货，好货不便宜"，另一句是"买家没有卖家精"。蜂王浆作为一种商品，自然也符合这些道理。

譬如，一个人花 15 元钱买了 1 斤柴鸡蛋，而另一个人却花 5 元钱买了 1 斤人工养殖的鸡蛋，都是 1 斤鸡蛋，价格上为什么有如此大的差异呢？同样，买一辆汽车代步，有的人花百万元买一辆车，有的人只花几万元就买了一辆车，想必您能找到其中的缘由。

现在，我们来说说蜂王浆的价格和价值，有两个好朋友甲和乙，甲花了 500 元买了 1 斤鲜蜂王浆，而乙花了 150 元买了 1 斤鲜蜂王浆。甲认为乙上当了，买到了假冒伪劣产品；乙则嘲笑甲吃亏了，花了冤枉钱。两人争执不下，最后将各自所买的鲜蜂王浆送到权威机构检测，结果乙输了，甲买的蜂王浆各

种理化指标、卫生指标都很好，而乙所购买的蜂王浆抗生素、农药残留超标，理化指标、卫生指标皆不合格，这种蜂王浆根本就不能食用，白白花了 150 元。乙后来特别感谢甲，幸亏去做了检验，否则，买回家后食用，还可能会带来致病等健康风险，到那时就真的亏大了。

十二、 同是蜂王浆，质量、效果差别却很大

蜂王浆相当于哺乳动物的乳汁，主要供给三日龄以内的小幼虫食用，同时，它也是蜂王终生享用的唯一食物。

蜂王浆富含蛋白质、有机酸、维生素、脂肪酸、胆碱、微量元素、核酸、核苷酸以及 SOD 酶等对人体有益的 30 余种营养物质，经常食用蜂王浆，有促进健康的作用。

同样都是蜂王浆，质量、效果差别却很大，只有弄懂下面这些本质问题，才能选到、用到好的蜂王浆。

1. 蜂种不同，所产蜂王浆有差异　最典型的是低产（普通）种和高产的浆蜂种，前者一般产量很低，群年均产鲜蜂王浆 1～3 千克（北方生产时间短、产量低，南方生产时间长、产量高），而高产的浆蜂种，群年均可产鲜蜂王浆 8～15 千克。

大量的数据分析显示，高产浆的质量比低产浆稍差，产量越高，质量越差。

2. 不同饲料对鲜蜂王浆质量的影响　我们曾在同一蜂场，给两组同种蜜蜂分别饲喂天然蜂蜜、蜂粮和白砂糖、人工花粉代用饲料，并对生产出的鲜蜂王浆进行成分分析。结果表明，蜜蜂食用天然蜂蜜和蜂粮（花粉的转化物）所产的蜂王浆质量更好。

3. 蜂场环境、卫生条件对蜂王浆的质量也有很大影响　我们试想一下，如果一个蜂场周围是农田、果园、菜园，农民为

了治病防虫，会经常使用各种农药。当蜜蜂采集其中的花蜜、花粉并将其加工成蜂王浆，很可能造成农药残留超标。若一个蜂场置于有严重污染的工厂附近或在有大量汽车通行的公路旁，生产的蜂王浆自然也会受到污染。

4. 没有冷链保存的蜂王浆效果会大打折扣　我们都清楚，蜂王浆是高活性的营养物质，其中不少成分相对"娇气"，如酶类物质、蛋白质、维生素等，如果较长时间放置在高温环境中，其活性物质会遭到破坏，活性作用会丧失，白白浪费了钱。所以，选购蜂王浆时，一定要三思而后行，选择有冷链保障的企业。

从某种意义上讲，鲜蜂王浆是未经过加工提取、活性成分未受到破坏的原浆，是一种纯天然产物，其功效最佳。所以，我们建议大家，吃蜂王浆就吃纯鲜蜂王浆。

Chapter 6
第六章
蜂王浆产品及其加工

一、 全世界为什么流行纯鲜蜂王浆

蜂王浆自 20 世纪 50 年代问世以来，已经得到广泛的研究和应用，为人类的健康事业做出了巨大贡献。如今，蜂王浆已被加工成不同类型和剂型的产品。然而，在众多蜂王浆产品中，为什么全世界流行的仍然是纯鲜蜂王浆呢？

我们曾经与日本、美国、澳大利亚、新西兰、加拿大等国的同行朋友们探讨过这个问题，他们的回答与我们在实践中得出的结论基本一致，即这是由蜂王浆的特性所决定的。

其一，我们先从蜂王浆在蜂巢中的用途来看。年轻的工蜂把分泌的新鲜蜂王浆直接"嘴对嘴"饲喂给蜂王或者直接吐入三日龄以内的幼虫房中，也就是说，蜂王和蜜蜂的"婴儿"（三日龄以内的小幼虫）都是直接食用新鲜蜂王浆的。幼虫的健康和蜂王的长寿都说明了纯鲜蜂王浆的效果。

其二，蜂王浆属于纯天然产品，不仅对蜜蜂无毒副作用，而且对人也十分安全，几乎不会产生什么不良反应，可以放心大胆地直接食用。

研究表明，原生态的鲜蜂王浆活性最高，自然食用后的效果也较好。这就像我们日常生活中吃的肉、蛋、奶、水果、蔬菜一样，越新鲜，口味越好，营养价值越高。

其三，蜂王浆的突出特性就是它的营养成分齐全，营养价值高，作用范围广泛，它也因此成为全世界消费者长久热衷的产品。鲜蜂王浆可以同时满足人们内服和外用两种需求：内服作用于病变部位，可起到快速康复的效果；外用涂搽，可以美容养颜，防治皮肤病。

其四，如果将蜂王浆加工成其他任何剂型的产品，或将蜂王浆与其他物质复配，加工过程中的温度、湿度、机械运动、添加剂等都可能破坏鲜蜂王浆的成分，必然也会影响其使用效果。

其五，返璞归真成为一种时尚，人们开始选择食用天然、

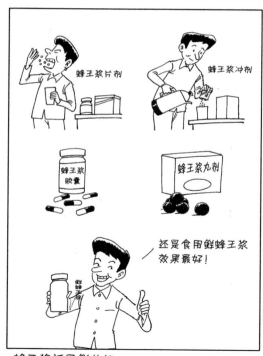

蜂王浆还是鲜的好

绿色、有机的产品，保障自己及家人的健康。纯鲜天然蜂王浆、成熟蜂蜜等蜂产品在全世界受到了青睐。

今天，科技为我们提供了更多享受纯鲜蜂王浆的机会：光伏发电为在野外作业的养蜂人员提供了及时冷藏保鲜蜂王浆的设备；冷藏物流车为远途运输纯鲜蜂王浆等提供了保障；四通八达的高速公路、高铁、飞机等大大缩短了长途运送的时间；冷库、冰箱、冰柜等都为纯鲜蜂王浆的长期保存和食用创造了条件。

世界流行纯鲜蜂王浆，您也跟着潮流走，选择食用纯鲜蜂王浆吧？

二、 科学加工蜂王浆的真正意义是什么

人类认识和使用蜂王浆的时间已有 60 多年。由于早期人们对蜂王浆的认识水平十分有限，不可能像现在这样制定出许多法规，列出理化或卫生指标，再通过先进的设备、仪器等对产品进行检测。因此，在早期阶段，大家一直使用的都是原料蜂王浆，好在那时的蜂王浆没有什么污染，效果还不错。

今天，自然生态环境已经发生了根本性变化，科学也取得了巨大成就，人类的生活自然也增添了许多科学色彩。

科学加工蜂王浆的真正意义是利用科学的方法或原理、先进的技术手段、先进的加工设备和工艺，加工符合国家相关标准和要求的产品。具体应体现在如下四个方面：一是在加工过程中，最大限度地保留蜂王浆中的活性有效成分；二是要将蜂王浆原料中的杂质（主要是蜡渣和漏捡的幼虫）和各种有害物质彻底分离干净；三是在产品中不添加对人体有害的化学物质（如增稠剂、增色剂、乳化剂、防腐剂等）；四是满足各种消费者的不同需求，加工各种各样的蜂王浆产品或制品。

三、 种类繁多的蜂王浆产品

蜂王浆是自然界的营养食物之一，作为蜂巢中蜂王的专用食物，蜂王浆含有蛋白质、脂肪酸、人体必需的氨基酸、维生素、微量元素等营养成分，对全面提升人体健康水平有一定的作用。

目前，以蜂王浆为主要原料的各种营养食品大量出现，种类繁多，仅市场售卖的品种就超过百种，可谓琳琅满目，具体包括鲜蜂王浆、蜂王浆含片、蜂王浆蜜、蜂王浆口服液（如人参蜂王浆口服液、西洋参蜂王浆口服液、绞股蓝蜂王浆口服液、田七蜂王浆口服液等）、双宝素（人参及鲜蜂王浆的合剂）、蜂王浆晶、蜂王浆花粉晶、蜂王浆酒、蜂王浆饮料（如蜂王浆汽水、蜂王浆蜜露等）、蜂王浆冰激凌、巧克力蜂王浆、牛乳蜂乳晶、蜂王浆奶糖等，均为优秀营养品。

同样，国际上也有许多蜂产品流行，罗马尼亚养蜂者协会所属养蜂联合企业生产的蜂乳糖片、低压冻干蜂王浆，深受本国人民的喜爱，日本、韩国、德国、俄罗斯、新西兰、加拿大等国家也生产了大量的蜂王浆食品。

蜂王浆之所以能在食品中广泛应用，主要有如下几个原因：

（1）20世纪50年代，蜂王浆最早兴起于欧洲，而西方将所有的天然产品都归为食品，蜂王浆自然也不例外。由于受到西方的影响，国内也将蜂王浆的生产应用集中在了食品领域。且由于认识浅、产量低、产品单一，这种先入为主的观点保持了很久。

（2）对生产企业而言，申请办理食品生产、经营的手续相对简单，费用低廉。如果以其他产品类型申请审批，则周期长、成本高，故产品寥寥无几。

　　随着科技的发展，人们对蜂王浆有了更深、更广、更全面的认识，新的技术和方法也不断应用于产品的生产过程中。同时，消费者形成了对产品的多元化需求，迫使生产厂家推陈出新，更多、更好、更新的产品不断涌现，蜂王浆的产品也就变得越来越丰富了。

眼花缭乱的蜂王浆制品有陷阱

四、 蜂王浆制品及其评价

在我从事养蜂业 40 多年的时间里，经常会有朋友问我："市场上售卖的哪款蜂王浆制品最好？"每次遇到这样的问题，我都觉得十分尴尬。

后来，我常半开玩笑地反问："你所交的朋友中哪一位是最好的？"自然也没有一个准确的答案。原因很简单，我们评价一位朋友好不好，是从主观出发还是客观评判，是从一点出发还是全面系统地综合评价，有无具体的评判标准和条件，这些都会影响到评判的结果。同样，评价一款蜂王浆制品的好坏优劣，也是相对的和有条件的，但我认为，适合的就是最好的。

首先，我们要知道商品的重要特性就是满足消费者的需求。我们在选购一款蜂王浆制品前，要清楚我们的目的和需求是什么，如果一款产品完全符合自己的生理需求、感官心理需要和价格预期，那么这款产品就是非常有价值的；如果一款产品完全不符合自己的需求，即使价格再便宜，您也认为不值。

其次，我们评价一款产品一定要有标准。有些人会从科学出发，关注产品的配料、有效成分及含量等。有些人在选择产品时从感官和外观出发，注重表面，他们不喜欢纯鲜蜂王浆酸、涩、辣的口味，对添加辅料、添加剂等口感好的产品情有独钟，还有人容易被产品漂亮的包装所吸引，愿意为这样的产品买单。

市面上的蜂王浆产品可分为两类，一类是纯鲜蜂王浆、蜂王浆冻干粉等，这些产品基本上都没有添加辅料、添加剂等。另一类则是以蜂王浆为主要配料加工而成的，这类产品往往含有各种辅料、添加剂，甚至赋形剂等。

　　一款蜂王浆制品，若蜂王浆的含量很高，而其他辅助成分的含量比较低，则是好产品；若一款蜂王浆制品的辅料也是名贵天然产品，而且含量较高，则该产品值得信赖；若一款蜂王浆制品的配伍科学，能够相互取长补短，强化产品的某一特殊作用或功效，这类产品也值得加分。

　　与之相反，有的蜂王浆制品就是以珍贵的蜂王浆作为噱头，主打"概念"、以假充真、以次充好，坑害消费者。他们或降低主料蜂王浆的含量，或以价格低廉的辅料配伍，或加入更多的食品添加剂等。在我看来，对这些产品应该敬而远之。

五、　正确认识蜂王浆产品和制品

　　蜂王浆虽然是一种天然物质，可以直接利用，但是纯鲜蜂王浆适口性较差，因此，为了适应消费者的需要，解决纯鲜蜂王浆适口性较差、食用不方便、剂量难以掌握等问题，许多厂家把蜂王浆加工成各种蜂王浆口服液、蜂王浆硬胶囊、软胶囊，蜂王浆冲剂，蜂王浆含片，蜂王浆酒等制品。

　　大家一定要区分蜂王浆产品和制品的概念，否则就容易上当受骗。所谓产品，是以纯蜂王浆为原料，不添加其他任何东西；而蜂王浆制品一般添加了其他成分，如辅料、添加剂等。

　　国家蜂王浆标准规定，蜂王浆产品不能添加任何其他物质，而蜂王浆制品则允许添加。市面上销售的正规蜂王浆产品，标签上配料一栏都有详细的介绍，如果配料中除蜂王浆外，还包含其他成分，那一定就是制品。许多消费者在选购产品时，不注意辨别区分，误认为蜂王浆制品就一定有蜂王浆的作用，这正好中了商家的"圈套"。

那么，除了一定要购买正规厂商的产品，消费者该如何区别蜂王浆产品和制品呢？

一是从产品名称区别，制品一般会在"蜂王浆"前加上物品类型的词，凡是在名称中出现除蜂王浆之外的其他修饰语的，皆为蜂王浆制品，如三七蜂王浆口服液、蜂乳晶、王浆可乐、王浆汽水、王浆饼干、王浆奶糖、王浆蜜、巧克力王浆等；二是从产品标签的配料及成分表中加以区别，如果配料表中除蜂王浆之外，还有一些其他辅料或添加剂，那它一定属于制品。

目前我国生产蜂王浆类产品的厂家很多，蜂王浆制剂、制品名目繁多，只有擦亮眼睛、仔细挑选，才不会上当受骗。

我向来都建议购买和食用鲜蜂王浆，但如果您想要购买蜂王浆制品，作为专家，我给您支三招：一是要选择蜂王浆成分含量至少为50％的制品；二是制品中其他辅料也属于名贵的高级营养滋补品且含量较高；三是制品所使用的配料或辅料最好是纯天然的而非人工合成的。

六、 蜂王浆产品的剂型有哪些

"剂型"实质上是一个医学专业概念，主要指药品或保健品的不同形态。

药物制成不同的剂型后，患者使用方便，易于接受，不仅药物用量准确，同时增加了药物的稳定性，有时还可减少毒副作用，也便于贮存、运输和携带。

中医药剂型形成的历史十分久远，我国目前形成中、西药并举的格局，药物剂型达数十种之多。

药品剂型一般只改变药物的物理性状，对其成分、功效等几乎没有什么影响。同时剂型会兼顾加快和增加疗效、方便消费者携带和使用等特点，但它根本不能代表产品的疗效。

蜂王浆具有较高的营养价值，一般可以直接使用。但鲜蜂王浆具有酸、涩、辛辣的味道，适口性较差，有些消费者不太习惯这种味道，加之一般条件下蜂王浆难以保存，剂量难以掌握，服用不方便，根据需要，蜂王浆被加工成了不同剂型或形式的产品。

事实上，在世界范围内，蜂王浆产品也不外有如下十种类型：片剂、口服液、粉剂、软胶囊、硬胶囊、冲剂、蜜剂、注射剂、酊剂、酒剂等。

我国多视蜂王浆为滋补药，滋补药物一般均习惯口服，注射的滋补药物较少。但对糖尿病患者以及体弱者而言，注射蜂王浆的提取液或稀释液效果更佳，因为这样可以更好地保留蜂王浆中的胰岛素和丙种球蛋白等有效成分，便于人体直接吸收利用。在欧美，蜂王浆注射剂的使用相当广泛。

为了照顾我国广大消费者的习惯，同时科学、合理地利用蜂王浆的有效性能，鲜蜂王浆的胶囊包装是很值得研究的。

七、 蜂王浆产品的剂型与功效有无关系

多年来，总有一些消费者打电话或当面向我们咨询这样的问题，"根据我的情况，你认为我使用什么剂型的蜂王浆产品好？""我是吃袋装的鲜蜂王浆，还是吃蜂王浆冻干含片好呢？""蜂王浆软胶囊比硬胶囊更好吗？""你们这么多种蜂王浆产品，我应该选用哪种？"这些看似极其简单的问题，咨询的频率却很高，现在我就给出一个完整的答案。

大家一定都去过药店吧，那里摆放着成百上千种药品。这

些药品品种不同、包装各异，生产厂家也不一样。但就药品的剂型而言，总共不过十多种，有片剂、丸剂、散剂、颗粒剂、胶囊剂、冲剂、注射剂、酊剂、膏剂、气雾剂、栓剂等。当您到药店买药时，您一定会向营业员提出买某种药，而非某种剂型的药。

事实上，食品的营养与其内在成分相关，治疗某种疾病、选择某种药品，实质上是选择对该病的有效成分。例如，治疗感冒，无论您使用哪种剂型的产品，最重要的是这种产品必须含有治疗感冒的有效成分。假设我们把白砂糖装成硬胶囊或将其制成口服液，即使天天坚持服用，也不可能产生疗效。

蜂王浆产品自然也遵循这样的法则，它的效果一定与产品内在的质（有效成分）和量（每单位含量）成正相关。

八、 国内外的蜂王浆产品有何差异， 哪个更好

两种或多种产品的差异实际上是一个笼统的概念，有时有可比性，有时无可比性。这主要由生产某种产品的技术、原料、设备、环境等因素决定，这个定律同样适用于国内外蜂王浆产品的质量比较。

比较两个国家或两个厂家的产品，实质上是比较生产这种产品的标准、技术和条件，比较生产、储藏、运输过程中各个环节的管理。

1. 原料 原料是制作产品的基础和关键，无论国内外，只有使用好的原料（就蜂王浆原料而言，必须做到纯、真、鲜），产品质量才能有保障，劣质原料和假原料一定做不出好产品。

2. 含量　有些蜂王浆制品打着蜂王浆的旗号，实际上可能只是一个噱头，蜂王浆在产品中含量很低，食用这样的产品自然也无法获得理想的效果。

3. 技术　技术是生产优质产品的保证，好的加工工艺和生产技术设备能最大限度地保留蜂王浆的主要功效成分，加工的产品能产生较好的效果；低劣的环境、技术和工艺往往会造成产品的污染和质量的下降，这样的劣质产品不仅对消费者无

国外的蜂王浆未必比中国的好

益，还可能给消费者的健康带来损害。

4. 环境　国家对入口的食品等的加工环境都有严格的要求，可有些不法分子没有固定的厂房、卫生的车间，更没有产品出厂的质检报告，这种产品的质量和效果可想而知。

九、 市场上为什么有那么多蜂王浆制品

目前，市场上有很多蜂王浆制品，其原因主要有以下几点：

（1）中国是世界上最大的养蜂国，目前饲养着 920 万群蜜蜂，其中有 600 多万群蜜蜂可以生产蜂王浆。

（2）我国地域辽阔，从南到北，跨越热带、亚热带、温带、亚寒带和高原气候五大气候带，正因为如此，我国蜜源植物极其丰富，为养蜂和蜂王浆生产创造了良好条件，每年从 2 月底到 11 月，都有可以生产蜂王浆的地域，生产周期相对较长。

（3）我国的蜂王浆生产技术处于世界领先水平。自 20 世纪 50 年代以来，我国广大养蜂科技工作者和蜂农不断探索蜂王浆优质高产技术，在蜂王浆高产蜂种选育、生产技术方法的改进等方面一直处于世界领先水平，使得我国的蜂王浆产量一直高居世界榜首。

（4）蜂王浆生产是一个劳动密集型的产业，国外，尤其是在一些发达国家，劳动力成本相对较高，这些国家宁愿进口也不愿意自己生产。我国广大养蜂人员勤奋且吃苦耐劳，尤其是南方的蜂农，每年要坚持生产蜂王浆长达 9 个月的时间，为我国蜂王浆产业发展做出了巨大贡献。

（5）市场上的很多蜂王浆制品往往只把蜂王浆作为一个噱头，打着蜂王浆的旗号，生产的产品中的蜂王浆含量微乎其微。例如，20 世纪 80 年代最流行的蜂王浆口服液，每盒 10

支，每支蜂王浆的含量仅 0.2 克，一盒产品的蜂王浆含量也只有 2.0 克。

（6）一些假冒伪劣蜂王浆产品充斥市场，给大家造成一种错觉，误认为市场上的蜂王浆产品很多。

十、　鲜蜂王浆与王浆精口服液有什么区别

我国蜂王浆产业始于 20 世纪 60 年代，由于当时产量极低，每年仅能生产几吨鲜蜂王浆，故很少在市场上流通销售。

改革开放后，我国养蜂业蓬勃发展，鲜蜂王浆的产量迅速增加，除大部分出口外，有部分鲜蜂王浆在国内销售。

由于鲜蜂王浆生产、运输、储存、消费等全产业链都需要低温冷藏保鲜，而在当时几乎不具备这样的条件，于是，就有单位开始研究将蜂王浆与一些中药配伍，加工成口服液销售。由此，林林总总的蜂王浆口服液应运而生，北京蜂王精、西洋参蜂王浆、人参蜂王浆、田七蜂王浆、天麻蜂王浆、阿胶蜂王浆、氨基酸蜂王浆、复合蜂王浆等口服液相继问世，充斥市场。在长达十余年的时间里，蜂王浆口服液产品在市场上广泛流行，影响很大，直到现在还有一些人将鲜蜂王浆和蜂王精口服液混为一谈。

其实，鲜蜂王浆与蜂王精口服液是有很大的区别的。

首先，有效成分的含量不同。鲜蜂王浆是直接从蜂群中取出来的，除了过滤外不经任何加工，不掺任何其他原料，是百分之百的纯品；而蜂王精口服液是一种蜂王浆制品，其中鲜蜂王浆的含量大多在 1%～10%，其他的成分都是水、蜂蜜及中草药等。

其次，新鲜程度不同。鲜蜂王浆自从蜂群取出来起就置于低温下保存，里面的各种活性物质一般都完好无损或损失很

少；而蜂王精口服液通常都是在常温下保存的，里面的蜂王浆活性物质自然会受到很大的破坏，效果必然也会大打折扣。

再次，效果不同。由于两者在有效成分的含量和新鲜程度上都有很大的差别，因此，它们对人体的作用效果也不一样，自然，与相同剂量的蜂王浆口服液相比，鲜蜂王浆的效果要好得多。

最后，由于在常温下保存，为了防止腐败变质，蜂王浆类口服液一般要加入一些防腐剂，而鲜蜂王浆是纯天然的。

明白了鲜蜂王浆和蜂王精口服液的区别，消费者在选购产品时就自然心中有数了。

十一、 什么是蜂王浆冻干粉

鲜蜂王浆最大的问题就是必须冷冻保存，否则其中的活性物质容易受到破坏，影响鲜蜂王浆的使用效果。

冷冻干燥是蜂王浆最好的保鲜手段之一。现代科技把先进的冻干保鲜技术（该技术普遍应用于医疗疫苗、血浆等的保鲜）应用于鲜蜂王浆的加工。在超低温、高真空的条件下，按3：1将新鲜蜂王浆浓缩、使水分升华，制成冻干粉，克服了鲜蜂王浆不易保存的难题。

蜂王浆冻干粉不仅保存了蜂王浆的活性物质，而且除掉了新鲜蜂王浆中的一些水分，更易于保存和食用。好的蜂王浆冻干粉含 6% 以上的王浆酸，比一般蜂王浆高 3～4 倍，而且蜂王浆冻干粉可以在常温下保存，携带、服用方便。

蜂王浆冻干粉的有效成分 10-HDA 是在肠道被吸收的，10-HDA 在胃里停留过长时间会被胃酸破坏，蜂王浆冻干粉胶囊外壳可延缓蜂王浆与胃酸的接触时间，大大缩短王浆酸与胃酸混合的时间，从而提高了 10-HDA 在肠道中的吸收率。

十二、　鲜蜂王浆与蜂王浆冻干粉哪个好

我们一般所讲的蜂王浆是鲜蜂王浆（fresh royal jelly），又名蜂皇浆、蜂皇乳、蜂王乳、蜂乳，它是蜂巢中青年蜜蜂食用蜂粮（蜂花粉的转化物）和蜂蜜，从位于头部的王浆腺分泌的一种乳状物，此乳状物就像哺乳动物的乳汁，是专门供给蜂巢内三日龄以内的小幼虫以及将要发育成蜂王的幼虫的食物，也是蜂王终身的食物。

我们通常所称的蜜蜂，在专业上称为工蜂，它和蜂王都是由同样的受精卵发育的。卵孵化后三天内的小幼虫阶段皆食蜂王浆，此后，那些食物改为"粗粮"（蜂蜜和蜂粮）的幼虫发育成工蜂，而一直食用蜂王浆的幼虫便长成蜂王。成年蜂王几乎终生都食用鲜蜂王浆，一般能活 5～8 年；而蜜蜂的寿限一般为 30～180 天（冬眠时活的时间长些，其他季节一般只活40～50 天）。

特别要强调的是，无是蜂巢内的小幼虫、大幼虫还是蜂王，它们每日所食的蜂王浆都是最新鲜的，所以我们也应使用纯鲜蜂王浆。

纯天然新鲜蜂王浆是直接由养蜂人员从蜂群中取出来、只经过净化车间加工的蜂王浆。鲜蜂王浆的特点是纯天然产物，保持了蜂王浆固有的营养成分，活性成分未受到破坏，其功效较好。由于现代交通及物流运输业的发达，长途冷链运输完全可以实现，加上家用冰箱、冰柜的普及，为我们提供了食用新鲜蜂王浆的可能。有的厂家还采用了超微活化技术，使鲜蜂王浆可以通过口腔黏膜被直接吸收，吸收率比通常的蜂王浆制品提高 5 倍以上。

蜂王浆冻干粉和蜂王浆冻干片是采用低温真空干燥的方

法，将蜂王浆原料在低温下快速冻结，然后在适当的真空条件下使60％左右冻结的水分子直接升华为水蒸气排出，保留低于5％水分的结晶粉状干品，然后再用不透光的包装密封。

蜂王浆冻干粉只是把新鲜蜂王浆里面的水分用物理干燥急速分离，但它本身的物理活性和营养成分并没有流失，所以从本质来说，它们是一样的。但我认为，每增加一道工艺（哪怕是除去水分），鲜蜂王浆的营养就会流失一部分，功效就会降低一些。

相同重量的蜂王浆冻干粉和新鲜蜂王浆的营养正常比例为3：1。以衡量蜂王浆品质好坏的重要理化标准王浆酸来说，假设新鲜蜂王浆的王浆酸含量是2.0，蜂王浆冻干粉的王浆酸理论含量则为6.0。

冻干的蜂王浆活性比较稳定，常温下保存三年质量变化小，而且便于贮存和运输。有的蜂产品厂家为了进一步方便消费者，还把蜂王浆冻干粉做成片剂或胶囊。但蜂王浆冻干粉和蜂王浆胶囊在加工的过程中或多或少会有营养成分的流失。

我的结论是，新鲜的蜂王浆比久放的鲜蜂王浆好，鲜蜂王浆一定比蜂王浆冻干粉好，冷冻冷藏的蜂王浆冻干粉比常温下存放、销售的效果好；纯的蜂王浆冻干粉比各种制品好。奉劝大家，在有低温保藏的条件时，尽量选择食用鲜蜂王浆。

十三、 什么是过滤浆

经常食用蜂王浆的朋友，大家会发现一个奇怪的现象，即同样称作鲜蜂王浆的产品，价格却相差很大，这其中到底有什么"猫腻"呢？

市场上的低价蜂王浆产品，其中一种就是用"过滤浆"生产的。

　　大家知道，生产鲜蜂王浆是一个既辛苦又细致的活，稍不注意，就有可能将蜂王幼虫、蜡屑等（这些均对消费者无害）带入蜂王浆中，为了销售的蜂王浆更加纯净，正规的生产厂家会在分装销售之前对新鲜蜂王浆进行粗过滤，以便除去蜂王幼虫、蜡屑等，这丝毫不会对蜂王浆的质量造成影响。

　　了解蜂王浆的人都知道，蜂王浆中含有自然界独一无二的有机酸——王浆酸，而王浆酸含量是衡量蜂王浆质量以及辨别蜂王浆真假的主要指标之一，在我国蜂王浆国家标准中，王浆酸含量必须在 1.4％以上。

　　某些厂家或不法商贩利用王浆酸的特性，不及时过滤新鲜的蜂王浆，而是将其置于零下十余度的冷库中几个月，这样，鲜蜂王浆中的部分王浆酸就会渐渐结晶析出。然后，再将其解冻融化，通过细过滤，将结晶的王浆酸（10-HDA）提取出来，行业里把这种提取后剩下的蜂王浆称为过滤浆或抽精浆，这种蜂王浆也是真的，不过部分营养物质已经丢失，质量和食用效果都会打折扣，价格自然也相对便宜了。

　　为什么会产生这种现象呢？

　　过去四十年里，我国蜂王浆产量和贸易量一直高居世界榜首，蜂王浆出口的国家都是经济相对比较发达的国家和地区，当然也是对产品质量等要求比较苛刻的国家。

　　日本是从我国进口鲜蜂王浆最多的国家，购买价格也较高，但日本商家对蜂王浆的质量要求也较高，有的日本进口商对蜂王浆中王浆酸的含量要求甚至大大超过了天然蜂王浆本身的实际含量。于是，国内一些不法商家就打起了歪主意，将部分收购的鲜蜂王浆进行过滤，提取王浆酸，然后再将其直接添加到出口的蜂王浆中，或以不菲的价格卖给出口厂家，以提高王浆酸的含量，满足外商苛刻的进口参数指标。

　　有的不法商贩将这种过滤后蜂王浆卖给蜂产品制品的生产

厂家，厂家将其加工成蜂王浆口服液、蜂王浆含片等，这种以蜂王浆为噱头的产品具有极大的隐蔽性和欺骗性。有的商贩将过滤蜂王浆伪装成纯正蜂王浆，以低廉的价格在国内市场上直接销售，那些贪图便宜而又无专业知识的消费者极易上当受骗，蒙受经济损失，购买时务请提高警惕。

其实，蜂王浆因为它独有的酸涩辛辣的味道，不容易被仿造出来。蜂王浆所含的 10-HDA 在低温时会结晶成细小的颗粒，与食盐颗粒大小一样。消费者可以自己动手做试验，将蜂王浆从冰箱冷冻层拿出，放入保鲜层完全解冻，重复两三次，取少量蜂王浆涂在手背，用食指涂擦，只要是优质的新鲜蜂王浆都有细小的结晶颗粒感。

所以，消费者在购买蜂王浆时，一定要仔细辨别，避免买到过滤蜂王浆和劣质蜂王浆，如果不放心，最好选择购买权威机构认证的品牌产品。

十四、 高产蜂王浆浅析

我们发现有的销售商或消费者在网上把高产的蜂王浆贬得一塌糊涂。作为专家，我要以正视听。

客观地讲，蜂王浆产量的高低受到许多因素的影响。蜂种、群势、适龄泌浆蜂数量、产浆的技术方法、饲养管理水平、取浆时间、外界蜜粉源、地域、气候以及配套用具等诸多因素都会对蜂王浆的产量构成影响。

20 世纪 60 年代，我国养蜂工作者开始生产鲜蜂王浆，由于蜂种、产浆的技术方法、饲养管理水平、产浆配套用具都很低，每群蜜蜂一次能生产 5 克的蜂王浆就不错了，到 20 世纪 80 年代初，一群蜜蜂年产 1 千克鲜蜂王浆已经很不错了，到了 90 年代，由浙江平湖周良观等人培育的蜂王浆高产品种出现，一群蜜蜂在江浙一带年产鲜蜂王浆 3～5 千克已是很常见的了，而这时的蜂王浆质量相对于 80 年代的低产量并未见明显变化。

高产蜂王浆是一个泛化概念，如同一地域、气候、蜂种、群势、蜜粉源、适龄泌浆蜂数量，饲养管理水平、产浆的技术方法以及配套用具不同，鲜蜂王浆的产量可能相差一倍以上；同样的蜂种、群势、饲养管理水平、产浆的技术方法以及配套用具，在我国江浙一带年产 5 千克鲜蜂王浆，而到了东北黑龙江等地，年产 2 千克鲜蜂王浆都很困难，因为南方的生产时间要比东北的生产时间长两倍以上。

总之，我认为高产蜂王浆和低产蜂王浆本质上差别不会很大，就像自然状态下，含 10-HDA1.4％和 2.2％的鲜蜂王浆，都能培育出优质健康的蜂王。

蜂王浆含有 10 余类，200 多种成分，而且成分之间相互结合、相互协同，为什么我们非要片面强调一种成分含量的多寡呢？这完全是一些研究人员所做的一种伪科学宣传。

十五、　怎样自制蜂王浆蜜

鲜蜂王浆的口感特殊，为改善口感，使其营养更全面、品质更稳定，可将其配制成蜂王浆蜜食用。

有人把蜂王浆简单地与蜂蜜搅拌混合在一起，很快就会出现蜂王浆上浮的现象，同时，蜂王浆的有效成分也会受到光线、空气等的作用而被破坏，不利于保存。

蜂王浆蜜是将鲜蜂王浆用一定的工艺流程研细后，与蜂蜜均匀地搅拌混合在一起加工而成的蜂产品，可以有效保护蜂王浆的各种有效成分。

蜂王浆蜜中所含纯蜂王浆的量一般较低，只占 2％～20％，配制时所选蜂蜜浓度应大于 42°Bé（波美度）以上，避免或减少蜂王浆和蜂蜜在贮存时分层。正常情况下，蜂王浆蜜可以在家用冰箱冷藏处保存两个月不变质。蜂王浆蜜是初级产品，这种剂型不仅制作简便、成本较低，而且口感较好，服用也很方便。液体剂型吸收较快，易为初次服用蜂王浆的人所接受，也深受儿童和年长者的欢迎。

科学制作蜂王浆蜜的方法步骤如下：

1. 确定蜂王浆蜜中蜂蜜与蜂王浆的配比和需要调配的总量大小 每次配制蜂王浆蜜时，不仅要考虑食用产品的目的，以此来确定每日用量，而且还要考虑单位时间内食用的人数等。

蜂王浆与蜂蜜的配比可根据每个人的口味灵活掌握，正常情况下，蜂王浆与蜂蜜的配比以 1∶4 为宜，如以增强体质为目的，蜂蜜配比可以适当高一些。自己配制蜂王浆蜜，方法简单，经济实惠。

2. 解冻鲜蜂王浆，融化结晶蜜 为延长鲜蜂王浆的保质期，大家购买蜂王浆后，一般都将其保存在冰箱中冷冻，配制蜂王浆蜜前，需要将冰冻的蜂王浆在室温下自然解冻。

配制时要用成熟蜂蜜，并且得是液态的，至于蜂蜜的品种，可根据自己的喜好进行选择，洋槐蜜、枣花蜜、荆条蜜、椴树蜜、荔枝蜜等都可以。蜂蜜中不得有杂质，如果有请先过滤，然后将蜂王浆和蜂蜜放到一起，如果配制的蜂蜜处于结晶态，还需要将其加热到 40～45℃融化。

3. 调配 先将事先准备好的鲜蜂王浆倒入调制的容器中，然后将准备好的蜂蜜慢慢倒入鲜蜂王浆中，边加边使劲搅拌，每搅拌 10 分钟，静置 10 分钟，连续重复 3～5 次即可。达到"你中有我，我中有你"的均匀状态后，放到阴凉的地方。

4. 封装保存 将配制好、充分搅拌均匀的蜂王浆蜜进行分装，贴上标签。蜂王浆蜜要放到干净的容器中，玻璃或者无毒塑料容器都可以，但不要用金属容器。同时，还要尽量放在阴凉避光处保管。若要长期（一周以上）保存，最好将其冷藏或冷冻起来。

　　蜂蜜的密度为 1.450，而鲜蜂王浆的密度只有 0.967，显然，蜂王浆的比重不仅小于蜂蜜，而且也略小于水。由于鲜蜂王浆比重较蜂蜜轻，加上二者的互溶性较差，在没有强机械力的作用下，很难融合后不分层。即使当时配备好的蜂王浆蜜看似搅拌均匀了，放置一日后，还可能会出现部分蜂王浆蜜成分上浮的现象。因此，在每次服用时，可先用筷子搅拌均匀，切勿将漂浮的白色物扔掉。服用蜂王浆蜜时，可用温开水送服。

天然蜂王浆与高浓度成熟蜜是黄金搭档

十六、 蜂王浆与蜂蜜混合食用有哪些好处

纯天然蜂蜜味道香甜、可口宜人，而鲜蜂王浆的味道相对差些。如果将二者混合成蜂王浆蜜，有哪些好处呢？

首先，把鲜蜂王浆与蜂蜜放在一起制成王浆蜜后，既可以大大降低蜂王浆酸、涩、辛辣的不适口感，同时又可以降低蜂蜜的甜腻感。许多消费者自称，将蜂王浆与蜂蜜均匀混合后食用，极大改善了口感，超级好吃，比单吃蜂王浆或者蜂蜜都要好得多！

其次，把鲜蜂王浆与蜂蜜配制成蜂王浆蜜，其营养变得更加丰富，可以大大增强蜂王浆的功效。因为蜂蜜中的葡萄糖、果糖、维生素等与蜂王浆中的王浆酸、粗蛋白等配合在一起，在肠胃中能相互促进吸收，发挥协同作用，对人体的效果倍增，产生 $1+1>2$ 的良好效果。

再次，可延长蜂王浆短期内的保存时间。将蜂王浆配制成蜂王浆蜜不容易变质，保存更方便！

熟悉蜂王浆的朋友都知道，鲜蜂王浆是活性极高的物质，含水量高达 60%以上，对许多环境因素都很敏感，高温、高湿、强光照、空气等都可能影响蜂王浆的储存，甚至质量。鲜蜂王浆在常温（20℃）下，可保存 72 小时不变质，但随后活性就会下降，所以蜂王浆蜜一般需要冷冻保存。

如果身边没有冷冻设备，蜂蜜就可以发挥作用了，蜂蜜的含水量一般在 20%左右，属于高浓度的糖饱和溶液，渗透压高，细菌很难存活，所以也就较难变质。将蜂王浆与蜂蜜混合后制成蜂王浆蜜，其浓度远高于蜂王浆，抑菌效果大大增强，同样是在常温下，蜂王浆至少可以保存一周以上不会变质。

十七、　利用现代科学技术能否人工合成蜂王浆

化学是一门在分子和原子层次上研究物质的性质、组成、结构、变化、用途、制法，以及物质变化规律的自然科学。所谓的"合成"，是一个纯化学概念，它是指通过化学反应，使成分、结构比较简单的物质变成成分复杂的物质。从这个角度看，自然界万物的发展也是一个合成与分解的过程，我们吃的各种食品、使用的许多用品都是大自然合成的杰作，蜂王浆也不例外。

人工合成实质上就是化学合成，在我们现在的衣食住行中，用到了大量的人工合成产品。那么，蜂王浆能够人工合成吗？

我给出的答案是不能合成。

自人类诞生以来，我们认识自然的能力已经有了很大的提高，大脑的创造力极大地改变了人类自身的生存条件。科技的高速发展，尤其是化学科技的发展，使我们能够对由几种有限组分形成的简单产品进行人工合成，西药就属于此类。但直到今天，科学技术还没有发展到让我们随心所欲的地步，我们还不能人工合成类似于蜂王浆这样组成和结构复杂的天然物质，当然也不能合成鹿茸、虫草、人参等名贵中草药。

今天，我们可以合成蜂王浆中的某些成分，如一些氨基酸、维生素，甚至蜂王浆中特有的成分王浆酸也可以合成，但这只是蜂王浆成分中的极少部分，即使将来科技发达到我们能合成蜂王浆中200多种成分，那也造不出真正的蜂王浆，因为要将200多种成分按照天然蜂王浆的结构联系起来是一个艰巨而浩大的工程。

如果我们把蜂王浆中的每一种成分看作一个基本元素，那

么，一种元素与某一种还是某几种元素结合，它们是怎样结合的，由元素组成的原子团之间又是怎样结合的，都需要我们去一点点穷举摸索。完成这样的排列组合工作，是一个极为复杂的问题，动用数以万计的科学家、用最先进的技术手段艰苦工作几十年，也未必能完成。这样下来，合成蜂王浆的成本有可能是、以现有方法生产蜂王浆的亿万倍，其产品的价格将使世界上最大的富豪也囊中羞涩。

所以，在当前条件下，我们还只能靠小蜜蜂的三对腺体带给人类珍贵的蜂王浆。

Chapter 7
第七章
选购蜂王浆有学问

一、 用辩证思维，科学选购蜂王浆

　　这些年来，我一直受邀到全国各地去巡回演讲。大家对专家都是十分敬佩的，常常有人问我："老师，什么样的蜂王浆最好？"我的回答是："纯天然的鲜蜂王浆最好！"大家听了常感到惊讶，认为这不像一个真正的专家给出的答案；但我认为自己讲的是实话，只是他们没能真正理解这句话的深刻含义。

　　如果我们用唯物辩证法的观点看待鲜蜂王浆，世界上没有绝对意义上的最好，因为好坏、优劣都只是一个相对概念；蜂王浆的好坏是一个结果（或结论），而从生产的蜂群、蜂场、环境到加工、包装、运输、保存等，有无数个因素影响它的质量；判断蜂王浆的标准、方法、角度不同，结果自然迥异：有人用感官判断、有人用仪器检验、有人用商业标准评判，有些人则用科学指标来评价。

　　既然我是蜂学专家，消费蜂产品，您得听我的。那我就用辩证思维，教您科学选购蜂王浆。

　　首先，蜜蜂并不是为我们人类而生产鲜蜂王浆的，它们是为自己的蜂王或小幼虫生产的。

　　蜜蜂这个物种在地球上已经生存了一亿多年，蜂王浆这种物质至少也有几千万年了，蜜蜂把这种最精华的产品奉献给蜜蜂王国中最重要的成员——蜂王，因为它能使蜂王保持健康，拥有旺盛的繁殖能力，使蜂王成为王国的"超级寿星"，往往比普通蜜蜂长几十倍。其次，蜂王浆还被饲喂给发育初期的"婴儿"，刚刚从卵中孵化的小幼虫，三日内是享用蜂王浆的。

　　我要告诉大家的是，无论是蜂王还是刚孵化的小幼虫，它们吃的都是新鲜蜂王浆，可以用"纯、真、鲜"三个字概括。

　　那么，我们如何从科学角度选购相对好的蜂王浆呢？

　　1. 健康的蜂群很重要　蜂群是蜂王浆最原始的生物加工厂，它是将自然界的花蜜、花粉转换为鲜蜂王浆的重要环节。不健康或是患病的蜂群，要么所产蜂王浆质量差，要么是养蜂人为防病治病而使用药物，会污染蜂产品。

　　2. 充足的蜜粉源植物很重要　如果自然界的蜜粉源植物被污染，就意味着加工蜂王浆的原料——花蜜、花粉受到了污染，在这样的状态下生产的蜂王浆自然也会被污染。如果外界没有蜜粉源植物，养蜂人只好给蜂群喂饲人造糖类物质和代用蛋白质饲料，生产的蜂王浆的品质也会大打折扣。

　　3. 冷链保鲜　我们固然无法享受到蜂王享用的非常新鲜的蜂王浆，但可以用低温冷链对蜂王浆长期保存。从蜂巢中生产出的鲜蜂王浆，必须立即冷冻保存，并在此后的运输、加工、储存、食用等过程中保持冷链，购买、食用这样的蜂王浆，才能有较好的效果。

　　至于我们惯常评价蜂王浆好坏的感官指标，如颜色、味道、形状等，我是不大认同的；用王浆酸含量高低来划分蜂王浆等级，我认为也偏离了蜂王浆的本质，背离了辩证唯物主义的思想。

健康的蜂群很重要

充足的蜜粉源植物很重要

冷藏保鲜很重要

冷冻

冷藏

科学选购蜂王浆有诀窍

二、 选购优质蜂王浆产品的基本常识

　　蜂王浆产品包括纯鲜蜂王浆以及以此为主料生产的各种衍生产品，客观地讲，市场上售卖的蜂王浆产品价格相差悬殊，自然其质量差异也非常大。

　　生产好品质的蜂王浆必须具备如下条件：优秀的生产员工、新鲜纯正的优质原料、低温冷藏设备、干净卫生的生产车间、先进的罐装设备、完美的加工工艺、严格的生产管理流程和检验检测系统等。任何一个环节出了问题，都可能给产品的质量带来巨大影响。例如，在高温的夏季，如果蜂王浆的原料、成品不能在低温（冷库、冰柜等）环境下储藏，哪怕只有几天时间，蜂王浆及其制品的活性和功效也会打折扣，一旦活性丧失或变质，即使您买回家将其重置冰箱冷冻，它的活性也不可能恢复了。再如，正规的厂家有专门的检测仪器设备和检验人员，能够确保原料的质量指标；非正规的厂家没有检验检测人员或设备，当然无法对蜂王浆及其制品的质量进行科学的评估，也许产品中农残、重金属等有害物质超标，也许原料是假冒伪劣的，这样的产品显然不能入口。

在此，我郑重地提示大家，购买蜂王浆及其制品，千万别贪图便宜，一定要购买有正规生产资质的厂家生产的产品，一定要到有正规营业执照的商家去购买相应的产品，不买裸装的、没有产品标识的产品。

选购蜂王浆产品时，还要认真查看包装上的标识，符合下列要求的可放心购买消费：

（1）产品有质量检验合格证明。

（2）产品有中文标明的名称、生产厂厂名和厂址。

（3）根据国家有关法律法规，商家生产销售的产品，需要事先让消费者知晓产品的特点和使用要求，应当在外包装上标明，或者预先向消费者提供有关资料。因此，正规产品包装需要标明规格、等级、所含主要成分的名称和含量等。

（4）标明产品使用限期。应当在显著位置清晰地标明生产日期和安全使用期或者失效日期。

（5）如果产品有敏感或不适应人群，应当有警示标志或者中文警示说明，一般还要在包装上明示"××人群慎用""××人群禁用"。产品若使用不当，容易造成危及人身、财产安全。

正规的产品外包装上会严格按照国家的规定进行标注，产品名称、净含量、配料、用法及用量、保存方法、保质期、产品标准、批准文号、生产日期、条形码、地址、电话、二维码等样样俱全。而那些假冒伪劣产品则有很多缺陷，敬请消费者擦亮眼睛，仔细辨认。

三、"三无"蜂王浆产品不能买

1. 什么是"三无"产品 "三无"产品不是法律概念，而是一个比较通俗的名词，一般是指无生产日期、无质量合格证（或生产许可证）以及无生产厂家名称、来路不明的产品。另一种说法是，"三无"产品是无生产厂名、无生产厂址、无生产卫生许可证编码的产品。还有一种说法是无厂名、无地址、无商标的产品。

《中华人民共和国产品质量法》明确规定，任何商品必须有中文厂名称、中文厂址、电话、许可证号、产品标志、生产日期、中文产品说明书，如有必要，还需要有限定性或提示性说明等，凡是缺少的，均视为不合格产品。若缺少上述信息中的任何一项，也可视为"三无"产品。

2. "三无"产品有哪些潜在危害 "三无"产品可能存在如下危害：

（1）"三无"产品属于不正规的非法产品，往往没有正规的生产许可证号和经营执照，没有执行的标准和检验的技术手段，存在巨大的质量风险。

（2）"三无"产品很可能是非法的地下工厂生产的，生产环境脏、乱、差，卫生指标不合格，消费者使用后轻则腹痛，重则呕吐、腹泻，以至食物中毒。

（3）"三无"产品不标注生产日期，更未标注保质期，这

样，买到的产品很可能已经过期变质。

（4）"三无"产品还存在掺杂使假的现象，许多消费者无法分辨。例如，有的不法商贩在其中掺入大量的防腐剂、增稠剂等，这些超标的添加物很可能给我们的健康带来严重伤害。

（5）"三无"产品没有厂址、电话等企业信息，即使食用后出了问题，也无据可查，给消费者带来经济和精神上的损害。

如果发现某些厂家在生产"三无"产品，商贩在出售此类产品，均可向质量监督局、工商管理局等相关部门举报。如果消费者已经购买了这样的产品，则可根据《中华人民共和国消费者权益保护法》要求三倍赔偿。

四、 这样的蜂王浆要慎重买

1. 马路边的蜂王浆要慎重买　我们经常看到，在大城市周围交通便利的马路边驻扎了一些蜂场，有的确实是自产自销，给消费者提供了优质新鲜的产品，而部分人则以蜜蜂为道具，以养蜂场做幌子，目的只是把所谓的蜂产品卖给过路的人。

因为有蜂场为道具，许多路人对其售卖的产品信以为真，毫不犹豫地购买了这种产品。但事实上，您所购买的产品可能并未经严格检验，该产品很可能被公路边的汽车尾气、粉尘等污染，农药残留、抗生素、致病菌可能超标。蜂王浆等久放在高温下会失活变质，还有人发现买回的蜂王浆里面含有蜡渣、幼虫死体等杂质，更为严重的则出现掺杂掺假等。

这样的产品近乎"三无"产品，即使您购买后发现有质量问题，也没法解决，一是蜂场不可能给您提供任何购买证据，二是没有售后服务保障，当您再次寻找该卖主时，他们可能早已逃之夭夭。

2. 打着"出口转内销"旗号的蜂王浆要慎重买　中国是蜂王浆生产大国，产量占全球总产量的 90％左右，因此，多年来，中国一直都是蜂王浆出口大国。

我一直告诉大家，中国蜂王浆出口的主要对象是发达国家，这些国家对进口食品的要求标准很高，尤其是对产品中的有害成分的检测更加严苛。国内有的出口企业因蜂王浆中的农药残留量、抗生素含量等超标过不了关，只能将这些蜂王浆转为内销，实质上这些产品是有质量问题的。

在市场上，我们常常看到一些商家挂牌售卖"出口转内销"的产品，我认为，大家在购买这类产品时一定要三思而后行，切莫购买和使用不合格的产品！

3. 谨慎购买低价或打折的产品　大家知道，价格是商品品质和使用价值的体现。在市场上，我们常常听到低价处理的概念，大家想想，有哪个商家愿意做赔本生意呢？蜂王浆打折扣、低价销售，一定有其原因和道理，要么质量等级较低，要么不达标，要么保质期临近。食用这样的蜂王浆有什么意义呢？如果不愿意让自己的健康也"打折"，请坚决不购、不吃这样的蜂王浆及其制品。

4. 网购蜂产品风险大　互联网的形成和手机的使用，使我们的生活更加便捷，但也带来了许多问题。相关部门对网络销售的监管力度尚不够高，虚假、夸大宣传得以乘虚而入。消费者购买产品时，常常被美图、价格和虚假宣传所吸引，无法直观看到实物，往往因此而上当受骗：有的人买到了农药残留、抗生素含量严重超标的蜂王浆；有的人买回了变味、发酵变质的蜂王浆；有的买到了滤去王浆酸后的蜂王浆；有的则在夏秋季节买到了高温环境久放、已经失活的蜂王浆；更有消费者买到了掺有淀粉或奶粉的假蜂王浆。

请您对自己和家人健康负责，通过正规渠道，选购品质可靠的优质蜂王浆，为自己的健康保驾护航。

选购蜂王浆别被"噱头"所蒙蔽

五、 如何选购正宗、 商信好的品牌蜂王浆

近年来，由于市场需求旺盛，线上销售火爆，蜂王浆市场较为混乱，质量低劣甚至掺假的蜂王浆乘机流入。那么，消费者在选购蜂王浆产品时，该怎样辨别产品质量的优劣呢？一句话，"综合考虑和评价"。

大家知道，我们买到或吃到的蜂王浆产品，其实是一个终端结果，产品质量是好是坏已经确定，无法改变。而我们真正要了解的是这款产品从生产、加工、储存、运输到销售的各个环节是否管控到位。

生产蜂王浆时，蜜蜂群是否健康？是否曾使用抗生素之类的药物对生产蜂群防病治病？蜂场周围的农田是否使用过农药？蜂场周围有无丰富的蜜粉源植物供蜜蜂采集？蜂场生产出来的蜂王浆能否及时采用低温冷冻保鲜？盛装蜂王浆的容器是否干净卫生，是否有毒有害，生产企业和销售单位有无合法资质，商信如何？产品是否有正规的标签和质量检验报告？

蜂王浆的产品质量往往受到许多环节、众多因素的影响，生产、加工、储存、运输、销售环环相扣，任何一个环节出了纰漏，都可能影响蜂王浆产品的质量和效果。例如，蜂王浆在高温下储藏、运输时间较长，其活性质量就会受到影响；未进行严格质检的产品，也可能存在农药残留、抗生素超标的风险；未在净化车间生产的产品，有可能出现杂菌污染，导致发泡酸化、腐败变质等问题。因此，在选购蜂王浆时，需要对其进行"综合考虑和评价"。

"综合考虑和评价"的核心是选择正规企业的产品，这样的企业往往具备以下条件：

（1）该企业有专家和专业队伍，有雄厚的科研、开发等综合实力，品牌影响力强，企业知名度高、信誉好。

（2）生产、经营资质齐全，有完整的组织结构和高素质的员工；有完善的质量管理体系、十万级以上的标准净化车间和现代化的生产设备；有正规的生产工艺流程、专业的质检人员和先进的质检设备等。

（3）公司专业化程度高，经营时间相对较长，至少十年以上，且曾获得国内外机构授予的多项荣誉和奖励。

（4）产品包装规范标准，符合国家相关行政法规和标准的规定，产品标签内容完整，除产品名称、净含量、生产厂家、地址、电话等标识清楚外，产品配料、用法用量、执行标准、保存方法、生产日期、保质期、生产许可证号等信息也要完整无缺。

如果您从这样的企业购买产品，自然可以放心食用。但如果您从一个没有固定地址、没有合法资质的小商贩手上购买蜂王浆，产品虽便宜，却既无质量检测报告，又没有商信可言，产品质量自然无法得到保障。

正规、合法、守信的企业，是您购买蜂王浆的唯一选择。

六、 通过什么途径能买到好的蜂王浆

有网友在网上发布了这样的问题：即将过中秋节，我准备回老家看望带我成长的爷爷，听朋友说鲜蜂王浆对老人保持身体健康和防衰老效果很好，我打算买 1 千克鲜蜂王浆孝敬爷爷。请问通过怎样的途径才能买到新鲜的蜂王浆？价格贵点也无所谓，恳求大家帮忙。

的确，今天购买任何一种产品都有很多可选择的途径，究竟哪种途径更好，要因商品的特性而定。

现在购买鲜蜂王浆无非如下几种途径：一是到传统的实体蜂产品零售专卖店购买；二是通过电商平台的网店向厂家或蜂农网购；三是到养蜂场购买。

绝大部分专卖店所销售的鲜蜂王浆质量是有保证的。首先，由于专营蜂产品的商店一般都是由有一定实力的公司开办的，这些公司售卖的鲜蜂王浆一般要进行严格的质量检测和化验，所售出的产品质量比较可靠。更重要的是，这里出售的鲜蜂王浆能保证全程冷冻保鲜。其次，开店必须要有合法的手续，销售的卫生等环境条件要符合要求，店面也会经常受到所在地工商、质监等管理部门的监督检查。这样的购买途径应该作为首选。

当然，也有人认为，这些开在市区的门店租金高，还有人工等开支，所以蜂产品专卖店的蜂王浆价格一般比较高。但还是应把产品的质量放在第一位。

网购的优越性大家是很清楚的，方便快捷，价格相对便宜。但与此同时，有不少产品没有经过质验，一些假冒伪劣产品充斥其中，有农残、抗生素超标的，有失活变质的，有出口不合格的，更有掺杂掺假的。

至于路边养蜂场所产的鲜蜂王浆，如果您亲自在场，现取现买，那一定能保证蜂王浆的新鲜度，如果您买放置在蜂场的蜂王浆或者远程网购，那就未必能保证质量了。其原因很简单，生产蜂王浆的蜂场一般都在偏僻的荒郊野岭，夏秋季节，野外温度很高，生产出的鲜蜂王浆如果不能及时冷冻保藏，活性和新鲜度都会快速下降，鲜蜂王浆就未必鲜活了。同样，这样的鲜蜂王浆没有质检报告，无法得知其农残、抗生素是否超标，有无掺杂掺假现象。

鲜蜂王浆作为一种商品，和其他鲜活食品一样，重要的是购买的产品要绝对保证鲜活。除此之外，"纯正"同样也很重要，如果鲜蜂王浆中掺入了淀粉、奶粉、蜜糖或水，效果自然也会大打折扣。

专家提示大家，长期食用蜂王浆的朋友，学习掌握一些有关蜂王浆质量鉴别、检验方面（特别是掺杂掺假的简易检验方法）的知识尤为重要，这将会帮助您选购到优质的蜂王浆。

七、　怎样选购蜂王浆制品

我国自 20 世纪 50 年代末开始生产蜂王浆，60 年过去了，我国已经成为当今世界上最大的蜂王浆生产国和蜂王浆产品消费国，蜂王浆也由最初的单一鲜蜂王浆发展为今天丰富多彩的蜂王浆系列产品，如食品饮料、营养品、日化产品等。此外，蜂王浆还被加工成不同的剂型，如王浆滴剂、王浆酊剂、王浆酒剂等。

目前，蜂王浆已被许多食品企业关注看好，并进行了成功的开发与应用。如上海某食品厂生产的冷冻纯净王浆、巧克力王浆、牛奶蜂乳晶、王浆蜜，北京某食品厂生产的王浆奶糖、蜂蜜乳脂奶糖等，国内其他企业生产的王浆可乐、王浆汽水、王浆饼干等。下面我们对几种常见的蜂王浆制品进行简单介绍。

1. 复方蜂王浆制剂及蜂王浆口服液　蜂王浆口服液开始多采用青霉素包装的小瓶，后来又用十滴水式的瓶子，接着，原北京第四制药厂于1964年首先推出了10毫升棕色安培瓶口服液，随后，全国各地群起效仿，20世纪80年代后又广泛采用了锁口易拉盖包装。在国内，有北京、无锡、武汉、哈尔滨等多个城市生产类似的蜂王浆或蜂乳口服液剂型产品。

口服液包装的优点是口感较好、方便携带、方便食用，还易制成各种复方制剂，能进一步提高药效。但其也存在许多不足之处，首先是生产工艺复杂，成本较高，同时，加工过程可能对蜂王浆的有效成分产生不良影响。其次，口服液的纯蜂王浆含量太低，一支10毫升的口服液，纯蜂王浆的含量也许只有零点几克，况且这样的口服液还含有香精和防腐剂等添加剂成分，其作用效果有待商榷。

2. 蜂王浆食品　蜂王浆食品是以各种食材为主料，以蜂王浆为辅料，生产出来具有"蜂王浆"概念的食品，如牛奶蜂乳精、王浆奶糖、巧克力王浆和蜂蜜乳脂奶糖等，但其中蜂王浆的含量有多少、作用有多大，恐怕很难评价。

3. 蜂王浆日化产品　蜂王浆具有良好的美容效果，已在美容化妆品和卫生用品上应用，如现在市场上可见的蜂王浆护肤脂、蜂王浆珍珠霜、蜂王浆雪花膏、蜂王浆香脂、蜂王浆香粉等产品，此外，还有蜂王浆牙膏、蜂王浆洗面奶、蜂王浆面膜等。很多女士还喜欢直接用蜂王浆代替洗面奶，效果很好。

4. 蜂王浆注射液 将冷冻蜂王浆混悬在少量 95％的乙醇中搅拌，过滤残渣后再用 30％的乙醇处理 1 次，将两次滤液合并后加蒸馏水，把含醇量调整至 30％即可。蜂王浆含量为每毫升 25 毫克或 50 毫克，并含盐酸普鲁卡因和三氯叔丁醇等附加剂，pH 为 2.5～5.5。用无菌滤棒过滤，在通 CO_2 条件下灌封，分装备用。皮下或肌肉注射，每天 20～50 毫克，连用 1 个月，使用时须注意过敏反应。不过，在临床上较少把蜂王浆做成针剂，供注射用。

5. 国外的蜂王浆制品 蜂王浆自问世以来，一直受到国际社会的广泛关注，世界上许多国家，如苏联、德国、美国、加拿大、法国、日本、西班牙、墨西哥、丹麦等都十分重视蜂王浆产品的研发、生产和应用。德国生产的浓蜂浆（除含鲜蜂王浆外，还含有多种维生素和微量元素）、美国的特浓蜂王浆、加拿大的长寿健、法国的蜂王浆和墨西哥的健寿灵等，都是在世界上享有美誉的蜂王浆制品。

蜂王浆制品琳琅满目、五花八门，正是因为这样，给广大消费者带来了选择上的疑惑。

以蜂王浆为主要原料制成的各种食品、营养品等种类繁多。但厂家生产此类产品不外两个目的或意图，一是将优质的蜂王浆原料与一些名贵的天然原料配伍，使所生产的产品功效更强、应用更广、使用更方便。另一种情况则是商家利用人们对鲜蜂王浆的良好印象，做概念、做噱头、"傍大款"，投机取巧。他们往往用质量较差的蜂王浆，以较低的含量（蜂王浆含量低于总量的 5％）加配一些其他原料，生产各种所谓的蜂王浆制品在市场上兜售，这样的产品食用后一定不会产生像鲜纯蜂王浆一样的作用。

以我在中国蜜蜂行业工作 40 年的经验，我建议，食用蜂王浆产品就选货真价实的天然纯鲜蜂王浆，既实惠、又有效。

八、 市场上兜售的伪劣蜂王浆产品有哪些

由于天然蜂王浆资源稀少，市场价格相对较高，自然也就"激励"着那些唯利是图的不法商人铤而走险，掺假蜂王浆应运而生。

就目前的蜂王浆产品市场而言，造假现象极为普遍。一方面，绝大多数普通消费者对蜂王浆没有辨别能力，无法辨别其真假，产品好坏全凭商家"良心"；另一方面，现在的造假技术也很高明，加工出来的蜂王浆制品，让普通消费者根本就鉴别不出真假。

有些不良商家为了牟取利益，用假的蜂王浆充当真蜂王浆，这就导致购买者饮用的蜂王浆没有相应的营养价值，反而在饮用后有可能出现腹泻腹胀的情况。因此，辨别蜂王浆的真伪和新鲜程度是十分必要的。

在市场上兜售的伪劣蜂王浆产品，可分为如下三类：一是变质不新鲜的；二是将鲜蜂王浆中的部分营养成分（主要是王浆酸）提取后售卖，或掺入其他成分，做成各种蜂王浆制品；三是直接在蜂王浆中掺入奶粉、淀粉、蜂蜜等，制成所谓的"蜂王浆"或制品销售。

除此之外，有的不法分子还利用高科技手段制作假蜂王浆。用高科技手段制造出来的人工蜂王浆，几乎完全可以达到国家蜂王浆标准的指标要求，但这种蜂王浆绝对不会有天然蜂王浆的功效。

蜂王浆的价值在于纯、真、鲜，其中所包含的数百种成分都是对人体有益的，但由于大多数消费者专业知识匮乏，

且市场上蜂王浆制品的质量参差不齐，导致消费者购买时有诸多疑虑。专家提示：在购买蜂王浆产品时，一定要认准专家、选好品牌。

九、 怎样识破常见的掺假蜂王浆

目前最常见的鲜蜂王浆掺假有两类：一类是掺入淀粉类物质，如食用淀粉和糊精；另一类是掺入乳制品，如奶粉、冰激凌等。

1. 加了淀粉的蜂王浆制品的鉴别 凡掺有淀粉或糊精的蜂王浆，外观似搅拌过，手捻有细小颗粒感，浆色淡白，光泽差，朵状不明显，有的成条状，味淡或略甜。

在常温下，用筷子取 0.5 克疑似鲜蜂王浆产品，置于玻璃杯中，加 10 毫升左右 1％的氢氧化钠溶液，搅拌后制成蜂王浆悬浮液，再滴入 1～2 滴医用碘酒，充分搅拌后，若悬浮物全部溶解呈透明状，颜色呈浅黄色或橙黄色，说明该样品是纯蜂王浆；若是掺了淀粉的假蜂王浆制品，立即会变成浑浊状。由于淀粉水解后变成糊精，糊精遇碘后会变成蓝色或紫色，因此，若悬浮液呈蓝色或紫色则表明该蜂王浆掺了淀粉。另外，掺有滑石粉的则有白色沉淀物出现。

2. 掺了乳制品的蜂王浆的鉴别方法 在常温下，取 0.5 克疑似鲜蜂王浆样品置于玻璃杯中，加 10 毫升左右的凉白开水，搅拌制成蜂王浆悬浮液，再加入少量食用碱面，水浴加热、搅拌，或不加食用碱面而加数滴 20％的氢氧化钠，常温下搅匀，若悬浮物全部溶解，并呈浅黄色透明状，说明该样品是纯蜂王浆；若不溶解，并呈混浊状，则说明该样品蜂王浆中掺有乳制品。掺入乳制品的蜂王浆遇碘后亦呈浅黄色。乳制品的颜色、物理性状都很像蜂王浆，但其所含蛋白质的种类不同，蜂王浆中所含的蛋白质多为水溶性清蛋白及溶于稀碱的球蛋白，而乳制品中则含有大量的不溶于水和稀碱的酪蛋白。

也可取蜂王浆少量（1 克左右），加 10 倍蒸馏水搅拌均匀，煮沸冷却后加食盐适量，若出现类似豆浆状的絮状物，即表明蜂王浆中掺有牛奶。

3. 掺入蜂蜜的蜂王浆的鉴别方法 正常蜂王浆中含还原糖 20％，凡在蜂王浆中掺入蜂蜜、蔗糖等，一般颜色变化不明显，但闻起来有一股香甜的味道，感觉就像是蜜糖一样。将样品放在舌面上品尝，能明显感到甜味，且放置 1 天后会出现分层现象。其相对密度增大，增加数量与掺入蜂蜜成正比，折射仪检测，折光指数增大。

掺假的蜂王浆坑害消费者

检验方法：取蜂王浆 1 克于试管内，用 5 毫升蒸馏水稀释搅匀，加斐林氏液数滴，隔水加热 1～2 分钟，取出观察，如果变为红色即证明蜂王浆中掺有蜂蜜或其他糖类化合物。

此外，掺假的蜂王浆，pH 上升。可以用 pH 试纸测一下酸碱度，真蜂王浆为 4～5，是弱酸性。假蜂王浆数值可能上升到 6 以上，甚至呈现明显的碱性。

掺杂掺假或变质的蜂王浆不仅食之无益，还有很大的害处，希望大家在选购蜂王浆时提高警惕。

十、　怎么判断蜂王浆是否变质

曾经有位广东的消费者，在炎热的 7 月份，托人从东北老家偏远的农村购买了一些蜂王浆。由于路途遥远、天气炎热，鲜蜂王浆又除用塑料瓶装外，未采取任何低温保鲜措施，经过将近 7 天的长途运输，当消费者接到蜂王浆时，发现盛蜂王浆的塑料瓶已经膨胀起来了，开瓶时，听到有气体释放的声音，随后便闻到一股很强的酸味，就像坏了的食物发酵似的。再取少量蜂王浆品尝，酸味浓郁。这位消费者便向专家提出了如下的问题：请问这是不是代表着蜂王浆坏了？这样的蜂王浆还能吃吗？如果不是坏了，请问该怎么样处理？如果坏了，它还有什么用途吗？

大家知道，新鲜蜂王浆有独特的气味，香味浓而纯正，略带清香，无腐败、发酵、发臭等异味和其他刺激性气味。品尝时有酸涩和辛辣感，稍有甜味，后味较长。为了长久保持蜂王浆不变质，需要冷冻冷藏保存，如果采收的鲜蜂王浆不能及时低温保鲜，尤其在夏季高温天气下，这种高活性的营养品失活变性的速度很快。

蜂王浆在常温（20℃）下的保质期较短，大约为三天，在高温（30℃以上）条件下保质期就更短了。那么，导致蜂王浆变质的因素有哪些呢？

其一，蜂王浆变质多是因为保存不当，在高温生产季节未能及时冷藏保鲜，贮藏时间变长，气泡逐渐增多，导致蜂王浆失活变质。

其二，生产蜂王浆的场地不卫生，受到杂菌的污染而引起蜂王浆变质；盛装蜂王浆的容器不干净，未经消毒或容器里留有陈浆，使蜂王浆发酵变质。

其三，生产蜂王浆时喷水或掺水，取浆时被夹破的幼虫体液混入蜂王浆中，导致蜂王浆水分含量过高，使蜂王浆发酵变质。

那么，应该怎样判断蜂王浆是否变质呢？

首先，可以从气味上来判断，变质的蜂王浆会有一股酸腐味。同时，会产生很多的气泡，这是因为蜂王浆已经开始发酵了。

其次，除了从气味和气泡来辨别蜂王浆是否变质以外，还可以从它的形态来分辨。一般情况下，变质的蜂王浆会变得稍微稀一些。此外，正常状态下的蜂王浆是淡黄色，而变质后的蜂王浆看起来颜色加深加重，可能会变成深黄色或者浅暗棕色。

变质的蜂王浆放置时间长短不同，在外观上也会有所不同。刚刚开始失活的蜂王浆只是稍有些发暗，在气味上并无较大差异，而室温下放置了5天以上的蜂王浆往往已经开始发酵腐败，吃起来不同于新鲜蜂王浆的酸辣辛涩，还带有较重的酸味。

上面这几点都可以用来验证蜂王浆是否变质。在平时的生活中，遇到变质的蜂王浆一定不要再继续食用了，否则不但食之无益，还可能会给肠胃造成很大的影响。

那么，变质的蜂王浆该怎么处理？如果您家养花，可以将其制成含蜂王浆 5% 的营养液，用来浇灌花草，会收到意想不到的结果。

最后，再次提醒大家，鲜蜂王浆需要在低温环境下保存！

十一、 蜂王浆掺假与蜂王浆制品的区别

有一次，我到湖南长沙做完《蜂王浆与人类健康》的演讲，在互动环节，有一个做食品企业的老板站起来问了这样一个问题："您刚才的演讲我认真听了，还做了笔记。您说，有人往鲜蜂王浆加入淀粉、奶粉什么的，这叫掺假。如果我现在将牛奶加到鲜蜂王浆中，生产一种蜂王浆制品，这能叫掺假吗？"

哈哈！这问题确实问得很专业，也很有水平！

让我们先来看看法律是怎么界定"掺假"的。

食品掺假是指人为地、有目的地向食品中加入一些非所固有的成分，以增加其重量或体积，而降低成本；或改变某种质量，以低劣的色、香、味来迎合消费者贪图便宜的行为。如果添加物属于正常食品或原辅料，仅是成本较低，会致使消费者蒙受经济损失，如：奶粉中加入过量的白糖，牛奶中掺水或豆浆、味精中掺食盐等。这些添加物都不会对人体产生急性损害，但食品的营养成分、营养价值降低，也会干扰市场。

产品质量法规定，生产者、销售者在产品中掺杂、掺假，以假充真、以次充好或者以不合格产品冒充合格产品的，依法追究刑事责任。按照刑法的有关规定，在生产、销售的产品中掺杂、掺假，以假充真、以次充好或者以不合格产品冒充合格产品的，销售金额达到 5 万元以上，即可构成犯罪，应依法追究刑事责任。

明白了吧！掺假的东西不一定会对身体造成伤害，而是会让您花了冤枉钱。

按照这位老板所讲，如果他将牛奶加到鲜蜂王浆中，生产一种蜂王浆制品，譬如取个名字叫"蜂牛乳"而不叫蜂王浆，显然，这样的产品就合法了。

掺假的目的只有一个，那就是牟利赚钱！他只能将价格低廉的东西加到价格昂贵的产品中。

依我之见，在蜂王浆中掺假是违法的，在蜂王浆中加入大量别的原料加工的产品，获得相关部门认可的蜂王浆制品则是合法的，只是这样的产品蜂王浆的含量等不确定，所以，要吃蜂王浆就买纯真新鲜的！

十二、 选择蜂王浆产品的注意事项

鲜蜂王浆的神奇效果众人皆知，大家选购蜂王浆或蜂王浆制品，目的是一样的，都是希望食用这种"药食同源"的天然产品获得健康，延年益寿。

目前，市场上的产品让人眼花缭乱，消费者选购蜂王浆的途径也比较多，如网购、蜂产品专卖店、超市、药店、厂家直销、养蜂场等。然而，当今的蜂产品市场鱼目混珠、良莠不良，稍有不慎便会上当受骗。在此，我从专业和市场角度给大家提个醒，选购、食用蜂王浆的时候需要注意以下几点：

（1）一定要把纯天然的蜂王浆与蜂王浆制品区分开来，最好购买鲜蜂王浆，这样的产品在配料一栏只有蜂王浆，没有其他任何成分。如果一定要买蜂王浆制品，在购买时，一定要看清成分配料表，买蜂王浆含量高的和配料相对名贵且含量高的。如果某制品未标明蜂王浆含量，劝您别买。

（2）在购买鲜蜂王浆及其制品时，首先要选择正规的生产企业，选择有固定销售点的商家或蜂产品专卖店，不宜选择没有生产和销售资质、流动商贩销售的蜂王浆产品。

（3）根据自己的健康状况、个人消费习惯以及个人工作、生活情况等确定是购买鲜蜂王浆还是蜂王浆制品，选择适合自己的产品剂型。如果您经常居家，请尽量选购和食用鲜蜂王浆；工作忙或经常外出者，可选购蜂王浆冻干粉、胶囊或含片。

（4）散装蜂王浆由于卫生条件和产品质量无法保证，极有可能出现细菌超标、变质、掺假等现象，请不要随便购买。

（5）如果是网购邮寄或快递，还涉及一个影响蜂王浆品质的重要因素——冷链低温保藏运输。传统的运输方法是泡沫箱加冰袋，这种运输方式运输方便，但对于偏远地区、快递时效慢的地区可能不适用。

（6）详细了解产品的质量情况，并逐一核实，以免上当受骗。切记不要单凭价格一个因素就盲目购买。

（7）蜂王浆中不应有杂质，如幼虫的尸体碎片、蜡渣等，但有少量细小的白色或无色结晶体属正常现象，可放心购买食用。

（8）购买的鲜蜂王浆一定要置于冰箱、冰柜等低温条件下保存，暂时不食用的部分最好放在冷冻室，一周内食用的蜂王浆则可放置在冰箱的冷藏室。

不管选购何种蜂王浆产品，都要认真仔细选择，以免上当受骗。

十三、　为什么无法凭感官准确选购蜂王浆产品

2009 年，曾出了个怪新闻：英国有位名叫杰纳罗·派利西亚的天才咖啡品鉴师，为自己的舌头投保了 1 000 万英镑，折合人民币约为 1 亿元，堪称是"世界上最贵的舌头"。如果

他的"舌头"出事的话，保险公司就要赔上一大笔钱了！

据了解，杰纳罗·派利西亚的舌头拥有超乎常人的"味觉"细胞，他用自己的舌头能够轻松辨别出每一种咖啡的好与坏。他每天的工作就是要从咖啡豆中挑选出"优质""劣质"的咖啡，然后进行价格分类，经过他的舌头"认可"后的咖啡豆价格无疑是超高的，据悉每年他都要品尝至少 5 000 种咖啡，您说强大不强大？

许多专家和商家都告诉了消费者，可以用人的感官如眼、鼻、舌、手等，通过看、闻、尝、摸等来鉴别与选购蜂王浆。但我认为这是不现实的，也是不靠谱的。

首先，蜂王浆的成分非常复杂，仅凭感官是无法分辨的。例如，您到一个养蜂场，看着蜂农从蜂巢里一点一点地取出蜂王浆，您认为它是新鲜、纯净的，但有可能该蜂群的蜜蜂此前患病，蜂农使用过抗生素防病，所产蜂王浆的抗生素含量已经超标；又有可能蜂场周围的田地里农民使用了农药，蜂场所产蜂王浆的农药残留超标了，而您靠自己的眼、鼻、舌、手，怎么能察觉到呢！即使就是杰纳罗·派利西亚的舌头，我估计也难以品尝出来！

其次，即使上述问题不存在，您仅凭自己眼看、鼻闻、口尝、手摸就能判断蜂王浆的优劣真假吗？至少我不相信。我确实见过专门收购蜂王浆的高手，他通过自己眼看、鼻闻、口尝、手摸就能辨别出蜂王浆是否掺假、是否新鲜、是什么花期生产的，等等。

但您要知道，这些品鉴高手，都是经过十几年甚至更长时间，成千上万次地对不同的蜂王浆样品看、闻、尝、摸等，不断分辨，总结经验，日积月累才练就的本领。这样的人堪称凤毛麟角。作为普通消费者，我认为您做不到这一点。那用感官检测蜂王浆不就成了自欺欺人了吗！

再次科学证明，人的感官是有很大差异的。除病患外，正常人群的感官差异也很大，所以，一群人品尝同一样东西，有的反应灵敏，有的反应迟钝。如果有的淘到了宝，有的却受骗。

我们曾让五个经常食用鲜蜂王浆的消费者，不借助于任何工具，仅凭自己的眼、鼻、舌、手等感官来检验同一瓶蜂王浆的好坏，结果五个人判断的结果五花八门，几乎无一人正确。

这种差别，在科学上称为误差，而这种误差足以让我们把一款好的产品判为劣品，把一款不合格的产品判为合格品。

感官检验能否真实、准确地反映蜂王浆的本质，除了与人体感觉器官的健全程度和灵敏程度有关外，还与人们对蜂王浆的认识能力有直接的关系。只有当人体的感觉器官正常，人又熟悉有关蜂王浆质量的基本常识时，才能比较准确地鉴别出蜂王浆质量的优劣。

除上述情况外，还有许多影响蜂王浆质量的因素无法判断，例如，蜂王浆制品，因为其中混入了大量别的材料，如辅料、添加剂、赋形剂等，专家也辨别不出；再如"过滤蜂王浆"，不法商家将蜂王浆中的部分有效成分滤掉了，不借助检测设备也难以区别。

基于此，奉劝广大的蜂王浆爱好者，若长期食用蜂王浆，一定要买可靠的好产品。

十四、 食用假蜂王浆会带来恶果

假蜂王浆不仅没有保健效果，对于一些糖尿病患者更是"毒药"。为什么这么说？我们且看假蜂王浆是用什么做的。

假蜂王浆主要是以淀粉、变性淀粉、琼脂、饴糖熬制成的，再加上柠檬酸使它变得酸涩。这些物质如果被糖尿病人所服用，就会直接导致血糖指数升高。

网购的盛行，给不少的人带来了方便与舒适，但是如果在网购的时候买到假货，那就是一件很让人气愤的事情了。最近，就有一位常年服用鲜蜂王浆的张先生，听人说网购产品便宜又方便，于是在某大型购物平台上购买了 1 千克的鲜蜂王浆，一共花了 158 元，快递小哥上门送货后，他便迫不及待地打开包裹，取出蜂王浆品尝。没想到吃起来太辣了，放到嘴里就像吃了辣椒一样。万万没有想到，张先生首次网购居然上当受骗了，买了假货，遇上了烦心事。

按照正常的价格，买 1 千克优质的鲜蜂王浆，至少也需要花几百元，而张先生发现一家店比较便宜后他就动心了。由于他是鲜蜂王浆的忠实用户，食用蜂王浆少说也有十个年头了。纯正鲜蜂王浆的口感他了若指掌。

而卖家发来的蜂王浆，除了味道不对，在状态上也与正常的蜂王浆有差异，按照他的经验，真的蜂王浆解冻融化后，在杯子里是可以晃动的；而买来的蜂王浆是无法晃动的，表面有较强的黏稠感。他确认自己买到了假货，于是立即向商家申请了退款，同时，也将这家店卖假货的事情告知了平台客服，希望这家店能够得到相应的处罚。不久后，客服就将钱退还给了他。

几天以后，张先生再次打开手机，发现这家店还在继续出售假的蜂王浆。为了不让更多的消费者上当受骗，他就将此事告知了当地工商管理部门，有关部门根据张先生提供的线索，对该商家的蜂王浆产品进行了封查，经检验证明该产品为假蜂王浆。有关部门对该商家进行了罚款处理，同时吊销其执照。

Chapter 8
第八章
科学食用蜂王浆更有效

一、 食用蜂王浆有讲究 ─────────────

蜂王浆在使用时有诸多讲究，一定要讲究产品的选择、保存、食用方法、食用时间和食用剂量等，忽视任何一个环节都会影响食用的效果。

1. 吃新鲜的纯天然蜂王浆效果好 在蜜蜂巢中，新鲜的蜂王浆由年轻的工蜂所分泌，然后立即"嘴对嘴"饲喂给尊贵的蜂王和自己的婴儿——幼虫。而市面上出售的蜂王浆产品种类很多，其纯度、新鲜度、含量、质量等完全不同，认真挑选是对自己的健康负责。

无数科学研究和实践都证明，蜂王浆以天然新鲜、纯正无假、无农残、无抗生素、无食品添加剂为优质上品，食用这样的蜂王浆才是上策。

2. 最好不吃或少吃蜂王浆制品 首先，几乎所有的蜂王浆制品在使用效果上都远不如纯鲜蜂王浆，这主要是因为绝大多数蜂王浆制品都含有大量廉价的辅料、赋形剂、化学添加剂等，更有甚者以蜂王浆为噱头，蒙骗消费者。

例如，一支 10 毫升的蜂王浆口服液制品，标注蜂王浆的含量为 0.2 克，换句话说，就是 2% 的含量，显然，其中的

"水分"太高，有的高达95%以上，况且这样的制品中还含有大量的辅料和食品添加剂，如白砂糖、苯甲酸钠等，这种"高蔗糖"产品，常吃可能引起身体肥胖，糖尿病患者使用可能还会导致血糖升高。

请大家擦亮眼睛，仔细辨认，千万别被五花八门的蜂王浆制品所诱惑！

3. 吃蜂王浆有讲究　服用鲜蜂王浆多采用口服方式。概括来讲，蜂王浆空腹服用效果好，含服效果更佳。

与饭后饭时食用相比，食用蜂王浆的最佳时间就是早晨空腹和晚上临睡前，这样能最大限度地提高蜂王浆的吸收率。同时，最好采用舌下含服的方法，这样可以首先通过舌下腺吸收一部分。食用时，从冰箱中取出一袋5克装的蜂王浆，放入口中慢慢含化，再将其置于舌下或含在口中5～10分钟，通过舌下腺吸收其中一部分营养，待完全溶化后，和口中分泌的唾液一起缓缓咽下即可。

4. 量效、量次关系很重要　虽然天然蜂王浆无毒副作用，多吃无碍，但蜂王浆很珍贵，我们一定要让每一滴蜂王浆都发挥最大的作用，故在食用蜂王浆时，食用量是很有讲究的。

蜂王浆有许多功能，但一定要吃够量，否则效果不明显。当然，每个人食用蜂王浆目的不同，生理有差别，健康状况各异，很难对食用量做一个严格的统一规定，但我认为，还是要强调食用目的和食用量的匹配度。过量服用会造成浪费，每日服用量过低则很难发挥作用。

一般而言，重病患者，如高血压、高血脂、糖尿病、冠心病、癌症等疾病患者，术后、产后康复，年老体弱人群，每日食用10～20克鲜蜂王浆为佳；亚健康人群，每日10克左右为宜；健康人群每日5克蜂王浆即可。

　　这里还需要强调的是，对每日食用 10 克以上蜂王浆的人群，专家建议，一定要少量多次，以每次 3～5 克为宜。这样比一次大剂量食用吸收率更高，效果更明显。

　　5. 蜂王浆讲究长期连续食用　常言道"冰冻三尺非一日之寒"，疾病是长期的饮食习惯、生活环境、生活方式等因素日积月累导致的结果。同样，一个人的健康长寿也是长期保养、长期锻炼、长期保持良好的心态和生活方式等获得的结果。

　　蜂王浆虽好，营养丰富、作用广泛，但不能一劳永逸。长期坚持服用蜂王浆，能明显增强机体对多种致病因子的抵抗力，促进脏腑组织的再生与修复，调整内分泌及新陈代谢，还能有效地增进食欲，改善睡眠并促进生长发育，有益于身体健康。

　　6. 切忌高温放置和服用　蜂王浆有怕光、怕热的特性，高温会导致蜂王浆中大量天然活性营养物质的流失。因此，从生产、运输到食用保藏，都必须始终保持一个完整的冷链，忽视任何一个环节，都可能破坏蜂王浆的营养成分。所以，购回的鲜蜂王浆一定要冷藏保鲜。

　　蜂王浆中的某些营养成分对温度比较敏感，遇到高热会损失大量营养，影响其营养价值。所以，千万不要用开水去冲服蜂王浆，更不能加热蜂王浆食用，否则营养损失殆尽，效果大打折扣。

二、　食用蜂王浆产品的四项基本原则

　　蜂王浆是一种既营养又安全无毒的天然产品，几十年来，在国内外得到广泛食用，获得了令人满意的效果。今天，无论您出于什么目的服用蜂王浆产品，都必须遵守下列四项基本原则，即食用纯天然蜂王浆、足量服、空腹服和持续服。

1. 选择优质新鲜产品　蜂王浆的产品很多，有纯的鲜蜂王浆，也有纯的冻干粉，还有很多衍生产品，如各种蜂王浆口服液、蜂王浆含片、蜂王浆胶囊等。我的建议是首选鲜蜂王浆，其次是纯蜂王浆，最好不选各种制品，以保证效果。

2. 服量足　根据不同目的选择服用量，不要减量，也不宜加量。消费者应该依据自己的情况，每次按照规定的量服用，这样才能实现从量变到质变的飞跃。尤其在开始服用时更不能马虎。如果某段时间身体不好、非常劳累，或者病后康复，必须加大用量，至少应该增加平时量的一倍。

3. 空腹服　服用蜂王浆产品的时间没有严格的规定，但如果考虑到消化和有效成分的吸收问题，还是以空腹为佳。最好在早饭前或晚上就寝前半小时左右空腹服用，这样其受胃酸的破坏相应小一些，蜂王浆中的蛋白质和多肽等大分子成分易被快速消化、分解和吸收，也便于更快、更充分地吸收蜂王浆里其他各种小分子成分，显著提高身体的吸收率。如果饭时或饭后服用，因唾液、胃液消耗过多吸收率会打折扣，对有效成分的吸收利用度会降低许多。同时，饭后腹内有大量食物存在，会占用大量的消化液，食物也会阻碍蜂王浆成分与肠壁的接触。另外，蜂王浆与胃中存留食物混合，也可能会破坏其中的营养成分。

建议用于保养身体时，每日服用蜂王浆一次，早餐前或其他空腹时服用；用于调理和恢复健康时，则一日服用3～4次，在三餐前和晚上睡觉前空腹服用。

4. 坚持连续服用　蜂王浆属于天然产品，内服的最大特点之一是效果慢。蜂王浆不像西药，服用后不久效果就开始显现，它具有其他天然中草药产品的固有特性——效果缓慢而持久。因此，服用蜂王浆产品切不能断断续续，必须连续服用一个月至一个半月，再评估其效果。因为蜂王浆作用的发挥（尤其内服）是一个从量变到质变的过程。

　　总之，不管是出于什么目的喝蜂王浆，一定要坚持服用才会有效果，万万不可吃三天停两天，否则效果甚微。

食用蜂王浆必须记住四项原则，否则可能事倍功半

三、　蜂王浆及产品的使用方法

　　蜂王浆的服用方法有以下几种：

　　1. 吞服　各种蜂王浆软胶囊、硬胶囊、口服液、冻干粉以及王浆酒、片剂等制品可以直接吞服，即将蜂王浆制品直接吞下，然后喝一些温开水。这是一种最普遍的服用方法。

蜂王浆的常规服用方法是口服，但有的学者认为，口服会使大量的蜂王浆组分破坏在消化道内，尤其是通过胃部的时候，因此主张采用胶囊制剂吞服。

2. 冲服　由于天然蜂王浆具有酸、涩、辣的味道，对一些口味挑剔的消费者来说，不太好接受，故有的朋友也用温水来冲服，或将蜂王浆加入果汁、少量牛奶、豆浆、咖啡、米粥或蜂蜜等饮品中，直接喝下。这样既改善了口感，同时还提高了疗效，起到了增进健康的作用。

冷冻后的蜂王浆冲服不方便，可以将蜂王浆与蜂蜜按 1∶1 比例混合均匀，然后放入冰箱冷冻保存，这样蜂王浆就不会冻成硬块，食用非常方便，口感又好，蜂蜜的比例可以根据自己的口感增加或减少。蜂王浆掺入蜂蜜后，既能用温水冲服，也可以直接吞服，特别是有些体寒的女性不能吃太冰凉的东西，用温水冲服冷冻的蜂王浆蜜也是不错的选择。但是冲服要注意水温，不能超过 40℃，可用嘴唇感觉水温，略带温热就行，否则会破坏蜂王浆及蜂蜜中的活性营养成分。此外，还要注意不宜用大量的水冲服。

3. 含服　蜂王浆的最佳食用方法是直接放入舌下含服 5 分钟，然后再慢慢咽下。冷冻的新鲜蜂王浆、冻干含片等产品，可以直接含服。

苏联学者约里什推荐一种服用蜂王浆的方法：用滴管往舌下滴蜂王浆溶液，或用不锈钢勺挖出蜂王浆放入舌下含化，每天 4 次，每次 5 滴，总共剂量为 200 毫克。溶液是由 2 克蜂王浆和 18 克稳定液体（一般用 30～40°的酒精溶液）组成的。因为这种服用法可以不进入胃，直接将蜂王浆在舌下经唾液和黏膜消化吸收，由血液带到全身各部位，因此，用药量较小，比较经济。蜂王浆制品"蜂王浆片"，就是专门用来含服的。将蜂王浆片放在舌下含服，吸收效果较好。这样可以先通过舌下腺吸收其中一部分，再慢慢咽下剩余部分，使人体充分吸收。也可以用温开水送服，避免大量营养成分遇热损失。

清晨起床后或晚上就寝前，最适合含服蜂王浆，具体食用方法是从冰箱中取出新鲜蜂王浆，不用化冻，口含慢咽，为改善口感可同时适当吃一点蜂蜜，蜂蜜还能促使身体更好地吸收利用蜂王浆的营养。

4. 涂擦　用鲜蜂王浆直接涂擦患处，能缓解烫伤、外伤、皮肤病等，效果较好；也可以将蜂王浆配制成软膏或化妆品之类的制剂，直接涂擦在患处，用于缓解外伤、皮肤病等。鲜蜂王浆还可涂擦美容，使面部皮肤光泽、白嫩，消除褐色斑，减少面部皮肤皱纹。

5. 注射　将冷冻蜂王浆制成注射液，供皮下或肌肉注射，便于人体直接吸收。在临床上，对于重病或病危的患者，一般采用注射的方法。实践证明，对糖尿病患者及体弱者，注射蜂王浆的提取液或稀释液效果更好，因为注射剂可使蜂王浆中的类胰岛素和丙种球蛋白等有效成分保存完好，而且便于人体直接吸收利用。因此，在欧美，蜂王浆注射剂的使用相当广泛。

总的来说，对于"蜂王浆怎么吃"这个问题，专家给出的建议是：空腹状态下，直接在舌下含化吞服。这是目前应用最广、效果最好的服用方法。

最后，专家提醒想要服用蜂王浆的朋友，每个人应根据自己的健康状况和食用目的，确定蜂王浆的用法和食用量，然后坚持不间断食用，这样，才能获得理想的效果。

四、 为什么要特别强调服用蜂王浆产品的连续性

大家知道，世界卫生组织（WHO）将人的健康状况分为

三大类：健康人群、亚健康人群和患病人群，根据大数据统计，符合世卫组织所有健康标准、真正健康的人群大约占5%，患病人群占20%，而处于亚健康的人群高达75%。

针对上述三类人群，生产出三大类产品，即食品、保健品和药品。所有人每日都必须食用各种食品；保健品可以连续吃，也可以阶段性使用；药品则是针对患病人群的，按道理讲是在患病时候使用的，至少在传统中医看来是这样的。可是，西药产生以后，许多慢性疾病患者，如高血压、糖尿病、乙肝患者等，都要连续用药甚至终生用药，这给广大患者带来长期的毒副作用、身心痛苦和严重的经济负担。

在许多人的印象中，治病最快的办法莫过于打针或服用西药，西医、西药在治标方面显示出许多优越性。但在治本，尤其是在治疗慢性疾病及各种疑难杂症方面，以天然成分著称的中药显示出强大的生命力。

讲到蜂王浆，它本身是一个全能产品，即既是食品、保健品，同时也是良好的中药材。尤其在我们国家，同时具备蜂王浆这样"药食同源"优良性质的产品更是寥寥无几。

为何服用蜂王浆产品最好要连续呢？

1. 车要常保养，人要常保健　当今社会，汽车成为我们的代步工具，许多个人和家庭都拥有了爱车。大家都明白一个最简单的道理：一部车的寿命，也就是使用时间的长短，不仅取决于定期的保养检修，而且还取决于我们平时对车的使用和维护。如果购买一部新车，不保养，有了毛病不维修，车的"健康状况"将会是怎样的？寿命又会怎样呢？

人就像是一部车，天天都可能被磨损或伤害，一个人的健康长寿是由您对自己身体日复一日、年复一年的保养和爱护所决定的，是一个长期和连续的过程。可惜有很多人只知道保养车，而不懂得爱护自己的身体。他们对车关爱有加，对自己的

喝蜂王浆

喝机油

车要常保养，人要常保健

健康漠不关心，这实在是本末倒置。

　　一个珍爱生命的人，一个关注健康的人，就应该像对待爱车一样做好对身体的保健、保养和维护。

　　蜂王浆就像提供给我们身体的润滑油，有了它，我们身体的各个器官能更好地工作，各个组织系统才能更好地协调运行，身体能更为健康。如果您给爱车提供的润滑油时有时无，可以想象，汽车的健康状况会是怎样的！给自己的身体连续不断地供给蜂王浆，它的机能能会发挥得更好，您患病的概率会大大降低，也就获得了更多的健康和幸福。

　　2. 这是生命本质的需要　生命本身是一个连续不断的

"新陈代谢"的过程，我们时刻都要呼吸，每日都要吃饭、喝水，一旦这些行为停止，也就意味着生命的结束。

对蜂王浆产品也应尊重新陈代谢的规律。之所以要连续服用，对健康人群是为了保持和提高自身免疫力，滋补、强身、防病；对长期处于亚健康的人群是为了减少或消除亚健康的各种症状，使身体状况向着健康方向逆转，逐步恢复正常；对那些患有疾病，尤其是那些患有慢性疾病的人群，是为了使疾病得到有效的控制，延年益寿。

3. 蜂王浆对人体的作用是一个从量变到质变的过程

大家知道，治本的中药和天然产品生效慢而持久。

天然产品对人体生理的影响是一个从量变到质变的过程，是一个循序渐进的过程。没有量的积累，就不可能产生质的变化。

蜂王浆不会像特效药那样有立竿见影的效果，它是一种"药食同源"的天然营养食品，能对人体起到良好的滋补和调理作用。

蜂王浆具有全天然产物的各种特性，无论在强身还是滋补方面，都表现出缓慢的持久性和良好的效果。

患慢性疾病的人，一服中药往往要吃几十天或上百天。那些幻想蜂王浆能快速治疗慢性病的人，很难如愿以偿。

4. 连续食用蜂王浆效果更明显　蜂王浆的主要作用是增强体质，它对身体的影响没有速效性。

蜂王浆产生效果的时间长短往往因服用者的身体状况、目的等具体情况而异。内服蜂王浆时，见效快的3～5天，一般都需要连续服用1周左右甚至更长时间才能开始真正见效。适应征较准确的7～10天可有一定感觉，也有个别的服用3～5天就有感觉，一般情况是1周后方显效果。

以缓解疾病为目的时，一般需2个月的时间，为了巩固效果，间隔一段时间（半个月左右）后，应再食用 2 个月左右，方可收到满意的效果。

连续食用 1 年蜂王浆，您的身体会发生什么变化呢？

食用 1 年蜂王浆之后，您的食欲会得到改善，精神焕发，面色红润，精力旺盛，感冒的次数会明显减少。许多坚持服用蜂王浆的中年人发现严重脱发的现象变少了，头发变黑了，还有不少新发生长出来。

血压较高的中老年人在食用 1 年的蜂王浆后，血压能够得到明显的控制。有许多食用了蜂王浆的老年朋友，高压可以由 180 下降到 150 左右。蜂王浆对降血糖有显著的效果，1 年的蜂王浆调理可以使血糖下降到可控制范围内。

用蜂王浆进行滋补或是用于调理慢性病及疑难病，吃一次两次或一天两天都不会有什么明显的反应，一般都是连服一个月或数个月，甚至常年服用才能慢慢地表现出效果。因此，专家告诫大家：服用蜂王浆一定要坚持不懈，切不可三天打鱼、两天晒网，不可半途而废，不可见异思迁。

5. 长期坚持，健康多多

蜂王浆既然是高级营养品，那就值得长期使用。如果把它当成药品，它比那些化学合成的西药更是要好得多了。毒副作用很强的西药可以长期连续吃，安全、无毒副作用的蜂王浆为什么就不能长期连续吃呢？

蜂王浆特别适合中老年人食用，长期食用好处很多。它能延缓人体的衰老进程，对多种疾病，特别是"三高"、心脑血管疾病、肿瘤等慢性及老年性疾病具有良好的预防和辅助治疗的功效。一位 80 多岁的老人杨先生服用 8 年蜂王浆，如今，不仅原有的身体不适逐步消失，而且精力更加充沛了，有人问他这些效果是怎么产生的，他回答：是在不知不觉间发生的。是的，蜂王浆对身体健康起的就是一个潜移默化的作用过程。

蜂王浆不仅能长期服用，而且应该长期服用。

五、 蜂王浆与其他天然蜂产品是黄金搭配

一些人单独服用蜂王浆时，感觉味道欠佳，很难接受，就设法改变口味；有的人希望提高蜂王浆的吸收率，强化其食用效果；还有的人希望与别的天然产品搭配，强化蜂王浆某种特有的功能。无论您出于上面任何一个目的，天然蜂产品都是蜂王浆搭配的首选。

1. 蜂王浆与蜂胶搭配 概括地讲，蜂巢中的蜂胶更像是我们人类使用的药物，防病治病效果极佳；而蜂王浆则是营养食品。当然，它们是蜜蜂王国中两种完全独立的产品，其成分不同，功效自然也迥异。但无论是在蜂巢中所发挥的作用，还是对人的健康而言，两者都有互补作用，都是公认的药用价值非常高的食疗产品。

蜂胶和蜂王浆的共同点是能增强免疫力、调节"四高"（高血压、高血糖、高血脂、高血粘）、延缓衰老、抗肿瘤、抗氧化、软化血管、抗菌消炎等。

蜂王浆与蜂胶配合，是"四高"人群的福音。研究表明，蜂胶中的黄酮类、萜烯类物质具有利用外源性葡萄糖合成肝糖原的作用，蜂王浆则有极高的营养价值，二者结合，事半功倍，既能显著降低血糖，又可有效防止并发症的产生。二者相辅相成，能够有效调节高血脂，是减肥、降高血压的良方。同时，两者都能软化血管，防止心脑血管疾病的发生。

2. 蜂王浆与蜂花粉搭配 花粉是自然界植物的精华，被冠以"天然营养库"的美称。如果与蜂王浆配合使用，无论是内服还是外用，都会让人获得超乎想象的效果。既能减肥，还能吃出"美丽"。另一方面还能快速消除疲劳，有效防治男性

各种前列腺疾病。

3. 蜂王浆与蜂蜜的搭配　蜂王浆的口感特殊，而蜂蜜香甜可口、营养美味。为改善蜂王浆的口感，使营养更全面、吸收效果更佳，将蜂蜜与蜂王浆一起搭配最为理想，既可将二者调配成蜂王浆蜜食用，也可用浓蜜水冲服蜂王浆。

当然，除这些蜂产品外，蜂王浆也可与许多天然物质搭配，但我要强调的是，一定要科学搭配。

六、 健康人服用蜂王浆有什么好处

世界卫生组织（WHO）定义的健康，是指全面的健康：身体健康、心理健康、社会适应性良好和道德高尚，这已为越来越多的人所认同。前几年，国家权威部门曾在国内几个大城市对人群的健康状况做过一次调研，结果表明，北京有75.0%的人处于亚健康状态；其次是广东，亚健康人数占73.6%，患病人群达20.0%左右，真正健康的人也就占5%左右。那么，健康人群还有必要食用蜂王浆吗？

1. 健康与不健康是相对概念　首先，一个人是否健康是很难精确界定的。从真正医学意义上的健康来看，几乎找不到绝对健康的人。其次，人到中年后，真正意义上健康的人就更少了。有些人尽管没有什么大病，但是，机体的免疫力实际上在逐步下降，体内的自由基在逐步增多，脂质过氧化物在逐步积累，体内毒素也在增加，细胞会逐步失去活力，血管逐步硬化，内脏器官也随着年龄的增加而逐步老化，进而导致人体衰老和一系列疾病的发生。

2. 生命在于长期保养，终生呵护　生命从诞生到衰亡，是一个漫长的过程，这期间往往会受到各种因素的影响，如遗传、环境、食物营养、精神和心理等。显然，良好的生活方式、丰富的营养、优美的环境和阳光的心态，都会对健康和寿命产生积极作用。而蜂王浆就是一种优秀的天然营养产品。

3. 防病胜于治病　我们的祖先很早就提出了"治未病"的概念，讲究日常养生保健。现代西方医学中的预防医学认为，防病胜于治病。健康人可以通过服用蜂王浆达到增强体质、预防疾病的目的。

健康人常服蜂王浆，不仅具有排除体内毒素，清除自由基的伤害，软化血管，改善血液循环，预防多种疾病，保持健康，推迟衰老进程等作用，而且还能增强自身免疫力、消除疲劳、改善睡眠、调节内分泌、强化肠胃功能等。体质得到明显改善，就能有效预防各种疾病的发生，延缓衰老。

如今人们收入越来越多，生活水平越来越高，吃得越来越好。但现代社会工作节奏快、压力大，生活方式混乱，人们的健康状况受到严峻挑战，高血压、糖尿病、高血脂等富贵病正在凶猛发展。预防及缓解这些疾病，食用蜂王浆或许是一个不错的选择。

今天我们健康着，明天呢？大家应该时刻牢记：生命有限，健康无价，应该学会关爱自身和家人的健康。如果认为强身防病是有必要的，那么就应该加入服用蜂王浆的行列。

4. 健康人吃蜂王浆可能效果不明显　许多人身体健康，但很注意健康和营养养生保健，有的依然坚持常年食用蜂王浆，他们的目的只有一个，那就是防患于未然。

我的一位从日本回国的朋友，身体很健壮，平常根本就没有什么毛病，他在日本工作时，经常听到日本朋友谈及食用蜂王浆的许多好处，他一直想试试，但当地的鲜蜂王浆价格很高，一公斤高达 6 000 元 RMB，而他当时的收入有限，一直未能如愿以偿。后来回国后，他向我咨询后也购买了蜂王浆食用，两个月以后，他告诉我，吃鲜蜂王浆后什么感觉都没有。我告诉他，这也属正常现象。因为他的身体非常健康，各种器官都处于最佳运转状态，体检显示，他的各种生理指标都处于正常范围，自然无须蜂王浆来调节，故食用蜂王浆后没有什么感觉。我还告诉他，食用蜂王浆就是一个"潜移默化"的过程，表面上未感觉到效果，但蜂王浆也许此时正营养着他的细胞，强化着身体各系统的功能，治未病才是中医最高明的境界。

七、　蜂王浆适合哪些非健康人群食用

蜂王浆本身就是全天然的产品，营养成分极其丰富，而且每种营养成分的比例都恰到好处。

大家知道，蜂王浆具有改善营养、补充脑力、增强抵抗力、调节血脂、抗氧化、预防心脑血管疾病、预防"四高"促进伤口愈合等功效，不仅适合年老体弱、多病的中老年人，而且也非常适合精力不足、容易疲劳的上班一族，营养不良、发育滞缓的儿童以及病后、术后康复的患者。

1. 免疫力低下者　免疫力是指机体抵抗外来侵袭、维护体内环境稳定性的能力。若人体免疫力低下，则比较容易生病且康复周期较长。蜂王浆中富含的王浆酸、牛磺酸、核酸、维生素及矿物质等成分能够强化人体免疫系统，增强免疫细胞活力，调节特异性和非特异性免疫功能，因此，免疫力低下者适量补充蜂王浆可增强机体的抗病能力。蜂王浆能增强免疫机能，常被用于放疗和化疗后改善血象、升高白细胞。

2. 糖尿病患者　蜂王浆中含有的胰岛素样肽类物质，和胰岛素一样，能降低血糖并促进糖原、脂肪及蛋白质的合成，同时，蜂王浆可以快速修复受损的胰岛细胞，并促使胰岛 β 细胞代谢恢复正常。此外，蜂王浆含有的乙酰胆碱对脂肪代谢和糖代谢有平衡作用，因此，糖尿病患者吃蜂王浆能够有效控制血糖并可降低糖尿病并发症的发生概率。

3. 高血压患者　高血压的主要原因是血管弹性变差和血液黏度增高，而蜂王浆含有的脂肪酸、磷脂类、维生素类化合物等有净化血液的作用，并能降低血液黏度。同时，蜂王浆含有的维生素、激素及类激素、磷酸化合物等可以有效清除血管内壁积存物、软化和扩张血管、降低血管脆性及抑制动脉硬化，因此，高血压患者适宜服用蜂王浆，辅助治疗动脉粥样硬化和冠心病。

4. 高血脂患者　高血脂指血液中总胆固醇和甘油三酯过高，因此，降低血液中低密度胆固醇和甘油三酯含量是降血脂的有效方法。蜂王浆中的某些成分能减少肠胃对胆固醇的吸收并促进胆汁分泌，同时，蜂王浆中富含的 β 食物固醇能清除肠壁黏膜上和动脉血管内低密度胆固醇的聚集，因此高血脂患者适量吃蜂王浆能够降低血液中脂类的含量。

5. 更年期人群　更年期是所有女性必须经历的一个生理阶段，一般被认为是因内分泌系统功能失调而引起的新陈代谢障碍。为什么更年期人群适合吃蜂王浆呢？原因是蜂王浆中的谷氨酸、泛酸及维生素等成分能调节内分泌，平衡人体新陈代谢。因此，更年期人群吃蜂王浆一方面能延缓更年期的到来，另一方面又能减轻更年期综合征。

蜂王浆的更多功效正在被科学所证实，相信未来蜂王浆能给我们的健康做出更大的贡献。

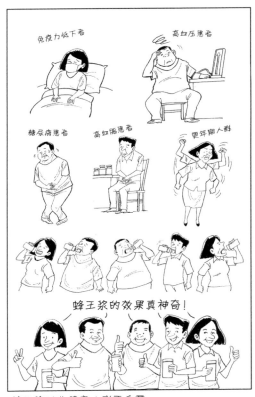

蜂王浆对非健康人群更重要

八、 为什么蜂王浆适合各种人群食用

　　首先，让我们从蜂王浆的原始作用谈起。蜂王浆这种物质在自然界已经存在了亿万年的时间，在原始蜜蜂巢中，它不仅是蜂王唯一的专用"御膳"，而且是刚孵化的小幼虫（相当于人类刚出生的婴儿）的唯一食品。

　　其次，加工蜂王浆的原料是天然的蜂蜜和蜂花粉，加工蜂王浆的生物工厂是年轻的泌浆工蜂，可见，蜂王浆的来源安全可靠。

最后，人类分析研究和大量利用蜂王浆已有近 70 年的时间，至今尚未发现蜂王浆对人体有什么不良作用（指的是真的、纯的和新鲜的蜂王浆），说明蜂王浆对人体是绝对安全的，故蜂王浆几乎适用于所有人群。对于健康的人群，蜂王浆可以起到保养作用，防止疾病的发生；对亚健康的人群，可以使其恢复到健康状态；对于患病的人群，可以辅助治疗。

1. 对于少年儿童　蜂王浆是含有优质蛋白质、丰富维生素、氨基酸、脂肪、糖类等多种营养成分的天然食品，有极高利用价值。

蜂王浆可促进造血，增加机体血红蛋白，具有改善营养、补充体力、提高免疫力、促进生长等功效。蜂王浆含杀菌力强的王浆酸，具有消炎抗菌和提高抗病力的作用。

少年儿童正处于身体和智力双重发育的阶段，阶段性地补充蜂王浆，可以滋养神经、调节睡眠。此外，蜂王浆能增强机体对多种致病因子的抵抗力，促进身体组织的修复和再生，调节内分泌平衡，促进新陈代谢，还能改善睡眠、调理神经并促进生长发育，特别是对发育不良的少年儿童有极好的滋补调理作用。

2. 对于青壮年人　青壮年人如果常吃鲜蜂王浆，能增强体力、智力，不易得病，激发青春活力、推迟老化、使精神饱满。脑力劳动者和亚健康青壮年人群往往由于劳神过度，脑子耗氧过多，出现头昏脑涨、精疲力竭等现象，久而久之易造成神经衰弱。蜂王浆有一定的耐缺氧、增强脑功能等作用，可以使人保持旺盛的精力。

3. 对于老年人　鲜蜂王浆神奇的地方是：它所含的各种

物质能互相配合，对人体产生神奇的生理、化学作用，调整和促进体内各种物质的新陈代谢，通过更新各种细胞，使各种系统健全起来，从而减少病痛。

人进入老年期，脑细胞、神经系统及各个脏腑器官功能下降是客观规律，而蜂王浆能激活衰老的细胞、提振机体功能、调节生理机能。

老年人吃了鲜蜂王浆，有助于体力恢复、心情愉快、精神焕发，安享幸福晚年。

4. 对于病人　病人如果正在服药，可以一面继续吃药，一面吃鲜蜂王浆。鲜蜂王浆不但不会与药物起冲突，而且还能增强病人的体质，加速病人身体的康复。

5. 对于特殊职业人群　因为蜂王浆有耐寒、抗冻、耐缺氧能力，尤其适合在高原、高空、高寒、水下及经常接触各种有毒物质、在野外恶劣环境条件下生活与工作者。

放射性物质和某些化学合成的药物对人体细胞有损伤和毒害作用，蜂王浆则有减轻或使人免受其伤害的功能，因此，蜂王浆也适合从事放射性工作和接受放（化）疗的人。

九、　为什么蜂王浆见效较慢

日常生活、工作、学习过程中，我们似乎形成了一种惯性思维，那就是结果导向。无论做什么事情，结果似乎都是最重要的。使用蜂王浆自然也不例外，无论是用它强体健身、滋补防病还是美容养颜，人们更关注显示效果的速度。但事实上，结果往往是受到多重因素影响所产生的。

其次，大家还要明白另一个简单的道理，那就是"快慢相对论"。我们不管谈论什么的快慢都是相对而言的。有人认为，食用蜂王浆效果产生得相对较慢；有人则认为，蜂王浆产生效果的时间并不慢，他们一定都能拿出自己的标准，讲出一大堆道理。

不少人认为，蜂王浆见效慢。我认为，这个问题要辩证地看待。蜂王浆不是特效药，没有速效性。它不可能像某些西药那样服用后有立竿见影的效果。蜂王浆是营养品和某些疾病的辅助治疗剂，它对人体起到的是滋补和调理的作用，需要服用一段时间方能见效。

研究表明，决定蜂王浆使用后效果快慢的因素很多。首先，消费者食用的蜂王浆产品的品种、剂型、新鲜度、质量、个人日摄入量以及食用的方法等都会影响其效果。其次，每个人的年龄、性别、生理、体质以及健康状况也会影响效果。再次，如果用蜂王浆防病治病，那就更复杂了，除上述两项外，食用蜂王浆效果的快慢、好坏还与疾病的种类、发病的严重程度、病程的长短、有无并发症、有无交叉性疾病等众多因素有关。

对于患常见病、症状轻者，如果是生理状况良好、免疫力强的年轻人，可能服用蜂王浆见效的时间就会短一些；而那些患有疑难杂症、病症复杂、病情较严重的老年人，则可能效果来得慢一些，因此，服用蜂王浆的时间也会比较长。同样，我们还发现，那些性情孤僻、不好运动的人，气虚、正气不足、体质差，调理起来往往需要更长的时间；而那些心情开朗、平时喜欢运动、营养均衡的人，食用蜂王浆能获得事半功倍的效果。从某种意义上讲服用蜂王浆到底多长时间见效，其实是由服用者自身状况决定的。

吃蜂王浆后见效时间的长短与食用者个人的年龄、生理、疾病等因素有关，如果只是改善身体亚健康状况，适应证较准确的3～5天可有一些感觉，也有个别的服用1～2天就有感觉，一般食用1～2周后方显效果，一个月就能收到满意的效果。如果是用蜂王浆来缓解一些慢性病及疑难病，如高血压、糖尿病等，不可短期服用或见好就收，需要长期坚持食用，一般两个月为一个疗程。只要每天食用量足够，坚持下去，就能收到预期效果。为了增强体质、巩固疗效，建议长期食用。

总之，由于蜂王浆的作用范围十分广泛，对它的效果做一个绝对性的评价似乎不太现实。概括而论，内服比外用慢，慢性病作用时间长，病轻者作用时间短，刚患疾病者比老病号见效快。

年轻人或亚健康人群服用蜂王浆，效果来得快一些。

患有疑难杂症、病症复杂、病情较严重的老年人，则可能效果来得慢。

蜂王浆对人体健康作用的快慢是相对的

十、 食用蜂王浆产品多久才能见效

早在半个世纪前，人们就发现了蜂王浆具有增进人体健康、抗病防病的作用。现在蜂王浆的作用被越来越多的人认识，应用越来越广泛。不仅年迈体衰的老年人服用蜂王浆，许多身体健康的年轻人也开始热衷于服用蜂王浆。但也有不少人经常咨询专家，蜂王浆要服用多久才有效果？

首先，我认为这个问题不成立，甚至可以说有些荒唐。这就好比您问一个医生：得病后吃某种药多久，就肯定会见效或痊愈？我相信没有一个医生能给您准确的答案！

同样一批蜂王浆，如果随机找 10 个人食用，一个月后，让每个人写一篇食用鲜蜂王浆的总结报告，您会看到完全不同的结果：有的吃了 5 天就有了变化，有的 10 多天才有起色；有的血压降低了，有的睡眠改善了，有的精神好转了，有的食欲增加了，有的排便畅通了，有的面色红润了……

蜂王浆是目前发现的人类唯一可以直接食用的昆虫乳液，它含有人体所需的多种营养物质。食用蜂王浆多久才能有效果，是一个复杂的问题，因人而异，与您的食用目的、方法、自身生理条件、用量、产品质量以及是否对症等有很大关系，是一个综合的结果。

1. 食用的目的 食用蜂王浆大概有三个目的，即保持健康、缓解疾病和美容。

作为一种良好的天然滋补佳品，蜂王浆在提高免疫力、增强体质、延缓衰老等方面效果显著，但往往见效比较慢，一般需要半个月到一个月的时间；如果用于改善睡眠、增强食欲，一般只需要连续吃一个星期就有效果，快的 3～5 天就有感觉。蜂王浆作为营养品或某些疾病的辅助治疗剂，坚持常年食用，可以明显改善身体素质，减少细菌、病毒等的感染，降低体质虚弱的人的生病概率。

2. 信心是否充足　现代研究，特别是对安慰剂效应的研究，证明"信则灵，不信则泯"在一定程度上是科学的。在中医治病过程中，许多厉害的老中医看到患者后，会先有一个判断，或设置一些仪式，因为让患者接受和相信医生是开展治疗的重要前提。对一些发自内心不相信医生的患者，首先要想办法打消其顾虑，然后进行诊治。

一项最新的医学研究表明，信任是产生效果的重要因素。而昂贵的药物也可能反而会让人们更容易感知到它的副作用，这是安慰剂效应的另外一种表现形式。也就是说如果我们不相信、不接受或不希望接受某种药物治疗，我们的身体要么会降低药物的治疗效果，要么会无缘无故表现出来一些毒副作用。因此，相信蜂王浆的防病健身作用，相信蜂王浆对自己的健康有益，它或许就真的就能快速产生效果，而且能持久地产生效果。

蜂王浆确实不像某些西药那样服用后马上产生效力，需服用一段时间方可见效。可是，由于种种主观、客观原因，有些消费者食用一段时间后，感觉效果不佳，就自动放弃，结果是前功尽弃。而那些对蜂王浆心信满满的人，保持连续食用，其中不少获得了事半功倍的神奇效果。

一位坚持食用蜂王浆 10 年的 80 多岁的老人这样描述自己的经历："我开始服用蜂王浆，是想治好血压偏高的毛病，指望服用后就一下子立竿见影。所以在服用一周左右后，见血压无明显下降，便心情烦躁。心情一烦躁，就更难有什么效果了。后来我调整了心态，不急不躁，并配合药物治疗，一段时间后，果然效果显现。而且随着服用时间的延长，血压更趋稳定。现在，我已基本停用降压药了。"

3. "对症下药"很重要　对症是产生效果的根本。消费者在服用蜂王浆前，应该先了解蜂王浆的作用与功效，确定自己的身体症状与需求，预估吃多长时间的蜂王浆能收到改善或治愈的效果。

这和吃药打针是一个道理。您到医院看病，效果如何，首先取决于医生对您的病是否诊断准确，其次是他给您开的药方是否对症。诊断对了、用药正确，必然是药到病除。

就像补充营养一样，此人缺钙，结果您天天补铁，其结果是铁补多了，而钙依然缺乏，健康状况自然不会好转。蜂王浆的成分复杂，假如我们的身体正好欠缺蜂王浆中的某些成分，食用蜂王浆后效果就快、就显著，反之就慢或无作用。

某些慢性病、疑难病患者，须长期坚持服用蜂王浆，不可只是短期行为或见好就收。一般以两个月为一个阶段，可收到满意的效果。许多蜂王浆用户，为了巩固疗效，增强体质，坚持长期服用，效果越来越明显。相反，有的人服用几天后就停止或断断续续地服用，效果明显打了折扣，他还抱怨食用蜂王浆效果不佳。

4. 身体生理差异，敏感度自然不同　服用蜂王浆见效时间快慢，首先与服用者本人有关，不同的人因身体条件和吸收程度不同，见效时间也不一样。

由于种族、年龄、性别、饮食习惯等差异，我们每个人在生理上会有很大差别，即使同一人，在不同的季节，生理状况也不尽相同。因此，每个人对蜂王浆的敏感程度不一样，而这种差别必然反映在对产品的接受、消化吸收等诸多方面。有的人生理机能好，对蜂王浆产品的吸收、利用率高，食用蜂王浆后见效相对快；反之，有的人消化功能不佳，对蜂王浆的吸收、利用度较低，产生效果的时间必然会延长。

患病的部位不同，见效时间迥异。从西医的解剖学看，人体都是由各种不同的细胞构成的。由于细胞代谢周期有很大差异，药物的作用时间和效果自然也就大不相同了。例如，有的人受到皮肤健康问题的困扰，而皮肤细胞代谢的周期较短，大约为28天，如果我们不小心擦伤了皮肤，一般很快就康复了；但如果您的肝脏出现问题，肝细胞代谢的周期较长，为180天，这样，恢复健康的时间就长多了。

5. 量效、质效关系　有的人健康状况较差，本来应该大剂量食用蜂王浆，在短期内获得理想的效果；而有的消费者是蜻蜓点水，天天吃，但量很少，花了很长时间，效果并不十分明显。有一位患有糖尿病及其并发症的老人，病程达十年之久，吃了一周的蜂王浆，觉得变化不大，从此停用，甚至还妄下结论，认为蜂王浆没多大作用。而他的一位病友，病的程度比他还要严重，坚持大量食用蜂王浆半年之久，高血压得到了缓解。这就是真正的量效关系。

蜂王浆的服用量应视具体需要、具体病情，因人而异。如果是用于强身健体，量可少些，如果是缓解病症，则需用较大的量；较轻的病可用较少的量，慢性病、重病和一些衰弱性病如糖尿病等，用量就相对要大。

除了量效关系，消费者还要牢记"质效关系"。同样都是蜂王浆，质量差异很大。优质新鲜的蜂王浆不仅能快速产生效果，还能持续产生累加效果。劣质的蜂王浆，即使您吃的量足、吃的时间够长，它发挥的作用也不大，甚至不起作用或带来负面影响。

6. 长期连续食用蜂王浆有一定效果　蜂王浆见效的时间长短往往因服用者的身体状况、目的等具体情况而异。内服蜂王浆时，一般都需要连续服用一周左右甚至更长时间才能真正见效。适应证较准确的 7～10 天可有一些感觉，也有个别的服用 3～5 天就有感觉，一般情况是 1 周后方显效果。

以治病为目的时，一个疗程需 2 个月的时间，为了巩固效果，间隔一段时间（半个月左右）后，应再食用一个疗程，方可收到满意的效果。

十一、 蜂王浆是种好东西， 是不是吃得越多效果越好

有些人患病，尤其是得了急性病或严重的慢性病后，思想压力大，治病心切，于是，他们希望通过增加用量来尽快祛除疾病，有时擅自增加产品用量，这种做法既不科学，也不可取。

一般而言，一种产品的用法、用量，都是经过多次科学实验得出的，而不是任意想象出来的。例如，每人每次纯蜂王浆的用量以 3.0～5.0 克为宜，少服效果差，多服则造成浪费。正如我们吃鸡蛋一样，如果一个人每天吃 1～2 个，其营养几乎都能被人体吸收利用，如果每日食用 10 个鸡蛋，人体吸收利用的量也不会增加多少，反而会给消化系统带来负担，且造成一定的浪费。

我们经常说"物极必反"，任何一种好东西，每次食用都应有一个"度"，应适可而止，一次性过量食用是极不科学的，甚至还可能带来负面影响或不必要的经济损失。

经过严格加工的蜂王浆虽然是一种没有什么毒副作用的纯天然物质，可以长期食用，但不宜一次多服，更何况蜂王浆是高生理活性食品，食入少许，即可产生预期的效果，完全没必要过量食用。

从理论上讲，大剂量服用蜂王浆不会对身体产生什么伤

害，但是人体的吸收能力是有限的，就算我们摄入了超过体内需要的量，身体也只能吸收其中的一部分，会将多余的部分排泄出去，造成浪费。

蜂王浆是一种珍贵的天然物质，一群 5～6 万只蜜蜂的蜂群每年只能产出 2 000～3 000 克的鲜蜂王浆，素有"液体软黄金"之称。我们不应该将黄金直接送去垃圾处理场，当然也就没有必要过量食用蜂王浆。

十二、 为什么有人服用蜂王浆制品却没有明显效果

正常情况下，人们服用了质量可靠的鲜蜂王浆产品 10～15 天以后，都会感觉到胃口变好、睡眠改善、精神焕发，对恶劣环境和疾病的抵御力有所增强。这是因为蜂王浆调节了内分泌、消化、神经等系统的平衡，使各个器官功能得到了强化。但也有一些人抱怨，自己购买了蜂王浆制品，连续吃了好长时间也没有效果。

这里最重要的差别，就是纯天然的鲜蜂王浆产品与蜂王浆制品效果的差别，我们不妨先来了解一下什么是蜂王浆制品。

鲜蜂王浆是用纯粹的蜂王浆原料生产加工得到的产品，不添加任何辅料、添加剂等。

蜂王浆制品，顾名思义，就是制造出的产品。一般会在产品中添加一种或多种辅料、添加剂等其他成分。

从广义角度来讲，蜂产品是一种功能性较强的营养食品，顾名思义，它既是食品又具有营养作用。因此，人们不仅希望它们在营养品领域广为应用，更期望它们能在各种食品中天天与大家见面，发挥出更为重要的作用。据此，许多厂家把蜂王

浆加工成各种各样的蜂王浆食品或产品，如全国各地曾经热卖的人参、西洋参、三七、绞股蓝等蜂王浆口服液，许多企业生产的王浆汽水、王浆饼干、王浆可乐等。上海有食品厂生产了牛奶蜂乳晶、巧克力王浆、王浆蜜等，北京有食品厂生产了王浆奶糖、蜂蜜乳脂奶糖等。一般来说，这些制品中使用了大量的辅料和添加剂，鲜王浆含量都比较低，自然使用后也不会获得显著的效果。

那么，现在我们就来归纳总结一下，为什么有的蜂王浆制品食用后效果很差或根本没有效果呢？

1. 以蜂王浆这个名称为噱头诱骗消费者　蜂王浆制品是否有效，完全决定于其中的蜂王浆含量和质量。例如，曾经红极一时的"蜂王浆口服液"，产品包装上明示，每支 10 毫升的口服液，蜂王浆含量为 0.2 克。换句话说，就是 1 克鲜蜂王浆理论上可以造出 5 支这样的口服液。假设我们一日食用两支，每天摄入的蜂王浆量仅为 0.4 克，对一个体重超过 50 千克的成年人来说，这个量根本无法起作用。况且这样的产品并未要求消费者在低温处保存，如果长期放置在常温甚至高温下，蜂王浆的活性成分几乎丧失殆尽，其效果不言而喻。

2. 用劣质原料生产、加工蜂王浆制品　据我了解，绝大部分优质的鲜蜂王浆都以原料产品的形式出口国外或在国内销售，少数质量差或者出口不达标的鲜蜂王浆原料，最终大部分都加工成了各种各样的制品售卖，在制品的配料中，蜂王浆已降为次要成分。

厂家如果在饼干中加入了蜂王浆，最多在饼干标准中增加一个对王浆酸（10-HDA）的检测。科学研究表明，王浆酸的稳定性特别好，甚至鲜蜂王浆已经完全腐臭变质了，10-HDA 的含量也一点都不会改变。换句话说，即使厂家使用了劣质的蜂王浆原料加工出王浆饼干，用王浆酸当作标准衡量，它也是合格产品。但对消费者来说，食用了假冒伪劣蜂王浆制品，当然不会有效果了。但您不要认为是蜂王浆没有效果，这是制品中所含蜂王浆的活性成分极少甚至没有所致。

奉劝大家，食用蜂王浆制品是下策，要尽可能选用鲜蜂王浆，这样，您的健康才有保障。

十三、 蜂王浆可以长期食用吗

在我从业的四十年时间里，总是不断有人在咨询一个相同的问题："蜂王浆可以长期食用吗?"提问者有的是刚刚食用蜂王浆不久的消费者，有的是一些食用蜂王浆很久的老客户，还有的是正准备使用蜂王浆的朋友。但我发现，绝大部分具有这种疑惑的人，是患有慢性疾病的朋友，还有一部分是听到某些所谓的"专家"或是看到不负责任的媒体对蜂王浆的"负面报道"而产生疑问的。他们最关心的问题是，长期食用蜂王浆会否对自身的生理机能、身体健康带来副作用或产生其他不良影响?

1. 从蜂王浆的来源和成分看　蜂王浆是蜜蜂巢中培育幼虫的青年工蜂食用大量蜂蜜（花蜜的转化物）和蜂粮（花粉的转化物）后，从位于头部的涎腺、上颚腺和王浆腺三对腺体分泌出来的。花蜜和花粉都是大自然的产物，安全无毒，再次确证了加工蜂王浆的原料是安全无毒的。

蜂王浆的化学成分很复杂，含有大量的蛋白质、糖、脂肪、类脂物质和无机化合物。

从蜂王浆的来源和成分不难看出，长期食用安全可靠。

2. 对蜂王浆的毒性实验　蜂王浆属于天然产物，科学研究表明，它对实验动物毒性极低。每日给体重 31 克的小鼠灌胃蜂王浆 0.5 克，相当于 16 克/千克的剂量，长期观察，无一死亡。如果将其换算为一个体重为 50 千克的成人，即日服800 克蜂王浆是安全的。

3. 从蜂王浆在蜂群中的作用看　蜂王浆是工蜂分泌的物质，用于喂养蜂群中三日龄以内的蜜蜂幼虫，这相当于人类用母乳哺育婴儿一样。我们都知道，生命诞生之初是最脆弱的，对营养物质的需求也是最高的。可以想象，蜂王浆对被动取食的小幼虫都是绝对安全的，更何况对于人类而言。

不仅如此，蜂王浆还是蜂巢中的"御膳"，专供"至高无上"的蜂王终生享用。而蜂王不仅健康，而且寿命很长。

4. 长期服用蜂王浆会成瘾吗　有极个别异想天开的人担心长期服用蜂王浆会像服药一样产生药瘾。众所周知，药物是用于治病的，但有些药物在反复多次足量服用后，一旦停药会发生精神或躯体上的痛苦反应，这就是药瘾，医学上称为药物依赖。蜂王浆是营养食品，不属于任何一类成瘾药物，不会出现成瘾现象。在我从业四十多年的时间里，未见国内外有服蜂王浆成瘾的报道，也从未见长期食用蜂王浆的人员出现上瘾等不良反应。

蜂王浆就像我们日常喝的牛奶、吃的鸡蛋一样，除个别人偶尔产生过敏反应外，在国内外的蜂王浆研究报告中，既未见有服蜂王浆成瘾的报道，也没有服用蜂王浆引发严重副作用的报道。

对人类而言，蜂王浆是一种纯天然的高级营养滋补品，这是得到世界公认的。临床实践证明，连续食用蜂王浆可以明显增进食欲、改善睡眠，增强机体的新陈代谢和造血功能，提高身体免疫力。

长期食用蜂王浆不会上瘾

十四、 决定蜂王浆食用量的三大主要因素

　　每日食用蜂王浆量以多少为宜？这是一个辩证的问题，不能一概而论，应因人、因时、因产品种类等而定。

　　1. 食用目的　有的人身体基本健康，常吃蜂王浆只是为了增强自身的免疫力；有的人由于学习、工作、生活等压力，出现亚健康状态，疲倦乏力、忧郁失眠、容颜衰老、精神恍惚，他们需要用蜂王浆调养身体。相对于健康人群，他们食用蜂王浆的剂量自然要加大。还有的人已经患上了各种疾病，如果要抑制这些疾病的发展，食用蜂王浆的剂量必须加大，否则是很难逆转的。

显然，消费者想达到的目的不同，服用蜂王浆的剂量自然也就不一样了。

2. 服用的对象人群　蜂王浆用途广泛，男女老幼皆宜，但显然无法用同一个标准规定蜂王浆的食用量。一个成年人和一个少年儿童的用量一定是有差别的，即使都是成年人，每个人的体重、生理、健康状况等也存在很大差别。因此，食用蜂王浆的量要因人而定，这跟我们吃饭是一个道理。

3. 产品的质量和种类　蜂王浆及其衍生产品种类繁多，同样是鲜蜂王浆，等级不同、产地不同、新鲜度不一样，自然效果也不一样。更何况不同厂家生产的蜂王浆制品所使用的蜂王浆原料质量参差不齐，制品中蜂王浆含量相差悬殊，说明书上的推荐用量也是五花八门。

毒理学研究表明，蜂王浆无毒副作用，因此，蜂王浆没有严格的剂量要求，也无统一的使用标准。服用量多一点虽然无害，但人体无法吸收，会造成浪费；服用量太少，又达不到理想的效果。

了解了决定蜂王浆食用量的三大因素，才能有的放矢，以个人的生理健康状况、食用目的为依据，量体裁衣。

确定自己每日食用的最佳剂量固然十分重要，但更重要的是坚持长期连续服用，这样才能获得最佳效果，务请切记以下三点：

（1）定量是药品或保健品的概念，作为营养食品是没有定量概念的。

（2）定量的目的，一是防止量多导致不良后果，二是出于经济的考量。

（3）对每个人而言，食用量也是需要随时调整的。

把握好量效关系，获得最佳效果

十五、 每日食用多少蜂王浆为宜

关于每人每日服用蜂王浆的量以多少为宜，目前科学界并无定论，其主要原因在于蜂王浆的特性。依我之见，科学一般只给药品一个严格的限量，对于无毒副作用且十分安全的营养食品只能给出一个推荐用量。另外，消费者所购买或食用的蜂王浆产品质量参差不齐，含量多少不同，消费者每个人的年龄、体质、使用目的等也不一样，很难有通用的"定量"。

大家知道一个简单的事实，那就是"量效关系"，一个健康人和一个患有严重疾病的人，对营养品的需求量显然是不一样。蜂王浆服用量过少可能起不到效果，过量服用的话又会带来经济负担。那么，到底每天服用多少蜂王浆合适呢？

综合国内外对蜂王浆的研究和临床试验，我们提出以下纯鲜蜂王浆的食用量建议，仅供大家参考。

一般而言，身体健康者、年轻人、儿童用于增强体质可以少服一些，年龄较大、体弱多病、病后产后康复，可增加服用量；初食时，量可少些，适应后可加大用量。

具体讲，年龄在 12 岁以下的儿童及初服者，每日在 5 克左右，初服者若无不适反应，随后可增加用量。有的年轻女性希望用蜂王浆养颜美容，日服 5 克左右的鲜蜂王浆即可。

13～35 岁的健康青少年人群，若单纯只是为了强身健体，日食用量 5～10 克即可；对于中老年人、亚健康人群及体弱多病人群，若是用于辅助治疗疾病或调理机体，日食用量 10～15 克；某些年老体弱及慢性病患者，日食用量 15～20 克；重症患者（如癌症、高血压、糖尿病等）或手术、放疗、化疗、大病后康复、患顽症等人群，在疾病恢复期，可适当加量，日食用量 20～25 克，甚至可短时间内日服 25～30 克。

食用蜂王浆时，一般早、晚空腹各一次，每次 5～10 克，最好将蜂王浆放入口中含服，慢慢咽下，使人体充分吸收。当然，也可以用温水送服，年老体弱及重症病人或疾病恢复期的人群可同时增加单日服用频次，分 3～4 次服用，效果更佳。

在此还特别提示三点：其一，上述每日食用蜂王浆的剂量是以质量可靠的优质纯鲜蜂王浆来确定的，至于质量差的蜂王浆和五花八门的蜂王浆制品则另当别论。其二，要做到身体健康需求与食用量的最佳匹配。由于每个人的生理、体质、健康状况都在不断变化，因此，每个人应根据自身的状况随时增减每日蜂王浆的食用量。如果体质差，食用量少达不到滋补作用；如果身体健康状况很好，食用过多可能造成浪费，增加经济负担。其三，对于一些身体虚弱的老年人或重病患者，初次食用蜂王浆时不要过量，食用量过大，身体承受不了，可能出现燥热上火等情况。一般日食用量控制在5克左右，待习惯了可以酌情加大剂量到20克。

蜂王浆的服用量实际上是由诸多因素决定的，目前还没有统一的标准，应根据每个人的体质情况来确定，具体的服用量，需要根据自己所购产品的使用说明书进行。不过，要长期坚持，不宜间断，间断食用不会取得理想效果。如果坚持服用几个月或半年，就能显著增强身体免疫力，减少疾病的发生。

十六、　每日何时服用蜂王浆效果最佳

蜂王浆具有极高的营养价值。随着人们对蜂王浆认识的提高，不仅年迈体弱者食用蜂王浆来调理身体，许多健康的老人也将蜂王浆作为延年益寿的滋补佳品。

若要达到预期效果，就必须掌握科学的服用方法，把握好最佳服用时间，使人体对蜂王浆的活性营养物质的吸收达到最大化。

实践证明，服用蜂王浆的时间与效果息息相关，掌握蜂王浆的食用时间非常重要。那么，每日什么时间服用蜂王浆效果最佳呢？

数十年来，国内外研究人员总结的人体的生理规律，对蜂王浆所做的动物实验、临床研究和广大消费者的实践，都充分证明了空腹食用蜂王浆，吸收最好，效果最佳。

每日服用蜂王浆有两个最佳时间，一个是清晨，一个是晚上临睡前。

蜂王浆最好是早晨起床后或早饭前半个小时服用，也可在晚饭后三个小时或就寝前空腹服用。

　　早上起床后，肠胃经过了一夜的工作，已经将前一天吃过的晚饭消化了，胃部是空的，也是需要补充营养的时候。这时候空腹吃蜂王浆，其中的蛋白质和多肽等大分子成分更容易被分解、转化和吸收，也便于蜂王浆中的氨基酸、维生素、矿物质、微量元素等营养成分更快、更充分地被人体吸收。特别是蜂王浆中含有多种含氮的活性蛋白和活性多肽，这类营养物质在空腹时服用，可以减少胃酸对它的分解破坏，有利于增加经消化道系统吸收后进入血液的量。

　　如果将蜂王浆与饭一起吃或饭后马上吃，胃内有大量的食物，会占用大量的消化液，食物也会阻碍蜂王浆成分与肠壁的接触，造成蜂王浆养分的流失和吸收利用率的下降。另外，蜂王浆与胃中存留食物相混合也会破坏其中的营养成分。

　　晚上空腹时胃里有大量的消化液，而没有其他食物需要消化，这时摄入蜂王浆，可以让身体更容易分解、吸收其中的各种营养成分。

　　临床研究和应用实践证明，胃酸对蜂王浆有一定的破坏作用。胃内有食物，必有大量胃酸，有胃酸，对蜂王浆的吸收效果就要大打折扣。同时，胃液及其消化酶更多地用于消化、分解、吸收其他食物，对蜂王

清晨空腹喝

睡前空腹喝

空腹食用蜂王浆，吸收最好，效果最佳。

空腹食用蜂王浆效果最理想

浆养份的吸收利用就会大幅下降。

蜂王浆是天然物质，可直接食用并被人体吸收。最好舌下含服，或用温开水送服。无论是增强体质或康复，每日不得少于两次。晚上睡觉前服蜂王浆，有安眠作用。高血压、高血脂、冠心病等心血管疾病患者，以清晨服用或睡前半小时服用为宜。

尽管饭后食用蜂王浆的效果比饭前空腹的效果差些。但是，对于肠胃比较敏感脆弱的人，建议在饭后半小时后再食用蜂王浆。因为蜂王浆必须冷冻保存，刚从冰箱中取出的蜂王浆比较冰冷，肠胃敏感的人空腹食用可能会对胃部造成刺激，从而引起不适感。饭后有食物阻隔，会起到缓冲作用，可避免肠胃不适的发生。

十七、 服用蜂王浆与季节和时间的关系

斗转星移，四季轮回，这是自然规律。一年四季气候变化的正常规律为春温、夏热、秋燥、冬寒，每个季节都有不同的气候特点，据此，我们的祖先提出了四季养生之道。

自然界一切生物在四季气候变化的影响下，必然产生相应的变化，春生、夏长、秋收、冬藏是古人对四季自然规律的完美总结。人体的生理功能也是与大自然相适应的，一年四季机体的新陈代谢若违反这一规律，四时之气便会伤及五脏，即所谓"春伤于风、夏伤于暑、秋伤于湿、冬伤于寒"。《素问·四气调神大论》中讲道："阴阳四时者，万物之始终也，死生之本也。逆之则灾害生，从之则疴疾不起，是谓得道。"这进一步说明了人体健康与四季气候的变化是紧密相连的。

中医营养学认为，食物可分为热性、温性、平性、寒性四类。蜂王浆属于温性营养品，含有丰富的维生素、矿物质、氨

基酸、酶类、脂类等上百种营养物质，有滋补、强壮、益肝、清热解毒、利大小便等功效。不论身体发热还是畏寒，都可以进补，长期坚持可使体内阴阳平衡。

当春归大地、万物复苏之时，人的生理变化主要体现在以下几个方面：一是气血活动加强，新陈代谢开始旺盛；二是肝主春，肝气开始亢盛。与此同时，一些对人体有害的致病微生物、细菌、病毒等也会乘虚而入。

蜂王浆具有增强免疫力的作用，可以有效应对春天的不良环境，尤其是应对各种致病微生物对身体的侵害。蜂王浆还有很好的养肝护肝和排毒作用，春天食用蜂王浆，能帮助肝脏排出冬天积聚在体内的毒素，获得健康和美丽。

在食用蜂王浆的消费者中，经常有人问到炎夏能否食用蜂王浆的问题。因为人们的传统观念认为夏天不宜进补，这主要是由于传统的补品，如人参、鹿茸、鹿肉、狗肉、羊肉、龟肉等，均属温热性质，适宜于冬天温补，夏天炎热，人体喜凉，宜选偏于清凉性质的清补。

受此观点的影响，不少消费者在炎热的夏季都终止了服用蜂王浆。我们公司在北京的专卖店曾对店面蜂王浆 4 年的消费情况做过统计。在气温较高的 6～8 月，蜂王浆月平均消费量仅占全年消费量的 5.0%，而其余 9 个月，月平均消费量占全年消费量的 9.45%，其中 10 月份高达 14.8%，可见炎夏蜂王浆的消费水平要明显低于其他季节。这与消费者认为夏季不宜进补的传统观念密切相关。

北京医学院药理教研组等单位所进行的动物实验表明，在耐受高温的试验中，给小鼠腹腔注射蜂王浆，每日每只 10 毫克，共 10 日，结果表明，小鼠耐受高温的能力获得显著提高。

在临床上同样显示，炎夏服用蜂王浆是有好处的。炎夏气温高，人体出汗多，身体能量消耗大，加上睡不好、吃不香、大便干燥、小便亦黄。炎夏坚持服用蜂王浆，特别是对于体虚和处于亚健康状态的人，会收到睡眠好、食欲旺、精神佳、免疫力提高、抗热抗病力增强的效果。

长期观察和实践表明，那些夏季一直坚持食用蜂王浆的消费者，睡眠好、食欲好、抗热能力强。一位蜂业专家称，自己坚持服用蜂王浆 10 多年，极少生病，哪怕是炎夏身体也很健康。但也有少部分热性体质的人群，在夏季气温超过 30℃ 的三伏天，食用蜂王浆后身体会有上火症状，这些人在夏季伏天可以减少蜂王浆用量或暂时停止食用。

秋季的气候特点主要是昼夜温差较大、干燥，是疾病多发的季节，很容易生病感冒。人们常常会觉得口鼻干燥、渴饮不止、皮肤干燥，甚至大便干结等。因此，不但多见主"燥"所引起的各种病症，还可见长夏湿邪为患所导致的多种疾病，并为冬季常见的慢性病种下病根，所以，秋季饮食必须针对天地变化特征和人体生理特点进行选择。

秋、冬季食用蜂王浆，有助于提高免疫力、御寒、预防感冒。有人认为，鲜蜂王浆性平，四季皆宜，不会引起上火，且有容易保存、剂量准确、服用方便等优点是秋季和冬季进补的理想之选。

蜂王浆属于温性营养品，冬天气温低，是吃蜂王浆最好的季节，不仅可以避免因食用蜂王浆引起的上火症状，还可以提高人体免疫力，预防冬季伤寒感冒和减少其他疾病的发生概率。

每年进入冬天，人体处于收纳的时节，阳气内藏。蜂王浆具有提高免疫力、调节肠胃的功能，这时候进补蜂王浆，更容易被吸收，可以有效预防冬季感冒、减少其他疾病的发生。吃蜂王浆相当于将"火种"储存起来，到了春天，它就会给肌体提供足够的养分，让体内的"火种"喷发出来，这个时候真可谓"冬天进补，春天打虎"啦！

十八、 鲜蜂王浆怎样食用味道更好

蜂王浆是工蜂食用天然蜂蜜、蜂粮后从上颚腺等分泌出来的一种乳状物质，对于亚健康、体弱多病、病后恢复、神经衰弱等人群有非常好的效果。但是蜂王浆的味道相对差些，进到口里第一感觉是酸味，然后是很涩的感觉，最后是辣的感觉，回味会有一点点甜味。蜂王浆中含有机和无机物质达百种以上，而每种成分都有其不同的味道，交织在一起，未必会产生我们期待中的美味。

其实，绝大多数人是可以接受这种独特的味道的，但也有一些人，尤其是儿童和年轻的女性，还有初食蜂王浆的人，他们对鲜蜂王浆的味道很敏感，认为直接服用蜂王浆难以下咽。

解决食用产品味道不好最简单有效的方法就是"遮盖"，就像很多苦口的中药一样，我们的老祖先就发明了中药蜜丸，用蜂蜜的香甜味降低或消除药物的苦味。于是，很多聪明的消费者用温蜂蜜水直接冲服鲜蜂王浆，还有的干脆将鲜蜂王浆与蜂蜜直接调和后服用，冲淡蜂王浆的味道。

十九、 服用蜂王浆时有何忌口

有些消费者咨询，蜂王浆与什么食物相克，不能与哪些食物一起吃？

大家知道，每一道食材都有其特有的成分和功效，但有时不合适的食材搭配在一起吃，反而可能引起一些不良反应，甚至有可能变成病因，这就是我们经常所说的食物相克。

可以肯定地讲，绝大多数民间流传的"食物相克"说法纯属谣言。许多所谓的"食物相克"，只是根据一些个例演绎出的经验之谈，缺乏科学理论依据。之所以在某些人身上出现"食物相克"的现象，是由个人体质、环境因素、食物保存方法等众多因素所致，不能把这种现象归罪于食材本身。

如今，网上出现了许多蜂王浆与许多食物相克的传言。

1. 蜂王浆不能与海鲜一起吃，因为蜂王浆中含有激素、酶、异性蛋白。

2. 蜂王浆不能与豆腐同食，同食会耳聋。

3. 蜂王浆不能与葱、洋葱同食，同食会伤眼睛。

4. 蜂王浆不能与韭菜同食，同食会引发新病。

更可笑的是，居然还有个别无知无畏的"砖家"，竟然还列出了所谓的"与蜂王浆相克的食物"：大米、豆浆、豆腐、大蒜、韭菜、大葱、莴苣、菱角、李子等。还称"蜂王浆含蜡质，有润肠通便作用，且蜂王浆性凉，莴苣性寒，二者同食，不利胃肠，易致腹泻。"这简直是无稽之谈。

实际上，一种食物单独吃，如果没有问题，那么两种没有问题的食物一起吃，不管怎么搭配也不会产生毒性。我们知道，人的胃是强酸性的环境，和吃什么食物本身无关，而肠道是弱碱性的，也和吃什么食物无关。

说到蜂王浆不能和什么一起吃，就不得不提食物相克理论的科学性。严格地讲，没有什么食物与蜂王浆相克，最多算是错误吃法。例如，蜂王浆怕高温，高温易破坏其活性物质，故不能用开水冲服，自然就不宜与热茶、热咖啡、热牛奶等热饮一起食用；蜂王浆属于弱酸性物质，不宜与碱性较强的咖啡、茶、苏打水、葡萄酒等同饮；还要尽量避免与柑橘类水果、洋葱以及豆腐、绿豆等一起同时食用。只要食用蜂王浆的时间与吃上述这些食物的时间间隔半小时以上，一切都可以！

专家告诫，食用蜂王浆没有那么多忌口

二十、蜂王浆能与各种饮品一起服用吗

所谓饮料，是指经过加工制造供人饮用的液体，尤指用来解渴、提供营养或提神的液体，如水、奶、酒、茶、汽水、果汁等。通俗来讲，饮品是指能够满足人体机能正常需要，可以直接饮用，或者以溶解、稀释等方式饮用的食品。传统的饮品比较单调，东方的代表饮品是茶，西方的代表饮品是咖啡。今天，饮品的种类繁多，如各种各样的酒，包括白酒、啤酒、红酒、汽酒等；五花八门的茶，包括果茶、柠檬茶、奶茶、油茶等；各种带有功能性的饮品，包括维生素功能饮料、氨基酸口服液等；还有流行的无酒精饮料，包括可乐、汽水等碳酸饮料，苹果汁、桃汁、椰子汁等果汁，以及杏仁露、核桃露、苹果醋等饮料。

当今，市场上的新型饮料层出不穷，还出现了许多以蜂王浆、蜂蜜等为原料的饮品，如蜂王浆酒，蜂王浆汽水，蜂王浆可乐，蜂王浆蜜露等，堪称营养饮料之上品。将蜂王浆添加到副食品或饮料中经常饮食，可起到一定的滋补强身作用。

许多朋友都向我咨询过蜂王浆能否与各种饮料一起服用的问题，如："蜂王浆可以兑红茶喝吗？蜂王浆可以与果汁同饮吗？牛蒡茶能和蜂王浆一起喝吗？蜂王浆可以兑咖啡喝吗？"

其实，这些问题都得辩证地去看。一方面，蜂王浆作为一种天然物质，可以与许多饮品（例如果汁、温牛奶、酸奶、核桃露等）以任何比例混饮。这样不仅可以调节蜂王浆产品的味道，而且蜂王浆不会与这些物质发生化学反应或产生其他不良效果。另一方面，服用蜂王浆的同时服用某些饮品，还是有一些讲究的。例如，传统的饮品，无论是茶还是咖啡，都是热饮，如果蜂王浆与各种热饮同食，必然对蜂王浆的某些营养物质造成破坏。如果喝完蜂王浆之后立即喝茶，其营养作用也会受到影响，因为绿茶中含有大量铁与茶碱，容易与蜂王浆中的王浆酸、核酸以及蛋白质发生反应，形成不易被人体吸收或者对人体无益的物质。但是，如果我们将食用蜂王浆的时间与饮茶、饮咖啡的时间错开半个小时，那就什么问题也没有了。

针对这个问题，我还要强调两点：其一，蜂王浆属于酸性物质，切忌与碱性较强的食品一起食用，否则会降低其功效；其二，食用蜂王浆时，不宜吃大量的食物，也不宜喝大量的饮品，否则会降低蜂王浆的吸收效果。

二十一、 蜂王浆能否与中药、西药一起服用

我大量浏览了网络上消费者关于蜂王浆的问题，其中很多是与药物相关的。概括起来就是：蜂王浆能与中药、西药一起服用吗？

首先，蜂王浆属于天然产品，几乎可以同任何天然或人工加工的食品、保健品，甚至药品一起食用。

其次，蜂王浆本身就是一味上品中药，而所有中药几乎都是天然产物，蜂王浆与中药同时服用一般不会产生什么不良反应，甚至蜂王浆还可以更好地发挥中药的作用。因此，蜂王浆与中药一起食用也没有任何问题。

最后，西药的特点是组分单一集中，治病效果比中药强且快。但西药都是人工合成的产品，往往都有一些毒副作用。蜂王浆是一种天然的健康食品，可以与西药一起服用，对于有较强副作用的药品，蜂王浆还能减弱其带来的副作用，增强人体的抵抗力。

为了稳妥起见，我建议，如果自身患病，正在服用药物，尤其是西药，最好还是与蜂王浆分开服用为好，一般间隔半个小时以上即可。

二十二、 谈谈蜂王浆与白酒的关系

从科学的角度来讲，将蜂王浆泡于白酒中服用是一个错误的做法。

蜂王浆的效果大家有目共睹，能够给身体带来非常好的影响，而实际上，鲜蜂王浆单独食用效果最佳。

酒在中医药中素有"百药之长"之称，它性温，味辛而苦

甘，经常少量饮酒，有温通血脉、宣散药力、温暖肠胃、祛散风寒、振奋阳气、消除疲劳等作用。

至于将强身健体的天然中药与酒"溶"于一体的药酒，固然可以药借酒力、酒助药势，充分发挥其防治疾病的作用，但并非所有的天然中药都适合制成药酒。蜂王浆就不适合泡白酒喝。

一则蜂王浆富含多种优质蛋白质，而白酒中的酒精（乙醇）可以穿透蛋白质大分子，争夺氢键，破坏蛋白质构象（三级结构），使蜂王浆中的主要营养成分蛋白质发生变性而失活。

同时，酒精与蛋白质结合后，对血管的弹性组织有害，容易使脂类物质，特别是胆固醇沉积在血管壁上，从而使血管逐渐被堵塞，并且最终导致动脉硬化。

二则蜂王浆中含有大量的氨基酸，而乙醇几乎与所有氨基酸都能反应，最显著的就是酯化反应。而氨基酸只是蛋白质的组成单位，链接成蛋白质大分子后，羧基已与氨基作用成酰胺键（只有天冬氨酸、谷氨酸还残留羧基），形成大分子后，性状有明显改变。

三则蜂王浆中含有大量的维生素，而白酒对人体维生素的代谢会产生负面影响。例如，在维生素中，B族维生素与肝脏的关系较为密切。B族维生素包括维生素 B_1、维生素 B_2、维生素 B_6、维生素 B_{12}、烟酸、泛酸、叶酸等，这些 B 族维生素将糖、脂肪、蛋白质等转化成热量，是推动体内代谢不可或缺的物质。白酒中的酒精要在体内正常代谢，必须有足量的 B 族维生素来参与，因此，大量饮白酒会造成体内 B 族维生素供应不足，从而对健康造成影响。

为了您的健康，一定不要用蜂王浆泡酒喝，也不宜边吃蜂王浆边喝白酒。

二十三、 食用蜂王浆的瞑眩反应

瞑眩反应（在日本称为"好转反应"）是指在人食用某些滋补食品、保健品、药品后，体质或身体生理机能由不好转好过程中出现的正常生理反应。

瞑眩反应＝好转反应＝排毒现象。当体内的有毒物质排出体外、体质发生改善时，常会显现各种的症状及反应（时间大约在 3～10 日）。"好转反应"的出现是因人而异的，依个人体内废物之多寡而有所不同，有的很轻微，有的很重。一般而言，平时常参加体育锻炼出汗多的人、通便正常的人及新陈代谢好的人不容易出现，出现"好转反应"的人多数是平时化学药品摄取过多、生活中食用动物性脂肪和糖分多的人以及过敏性体质人员。

"好转反应"表现形式多样，主要有以下几个方面：

（1）高血压的人：有头重脚轻的感觉，持续 1～2 周。

（2）胃不好的人：胸中会有灼热感，食欲较差。

（3）胃溃疡的人：溃疡的部位会疼痛。

（4）胃下垂的人：有某种胃部沉重感，会吐气。

（5）肠不好的人：会产生腹泻的症状。

（6）肝脏不好的人：会吐气或呕吐。

（7）肝硬化的人：有时会有血便。

（8）肾脏病的人：蛋白质会突然下降，颜面有轻微浮肿。

（9）糖尿病的人：血糖会突然升高，手、脚有轻微浮肿。

（10）患痔疮的人：会突然出现出血现象。

瞑眩反应是发挥效果的前兆，是暂时的，当反应告一段落后，身体好转，整个人会轻松和精神起来。

如果服用蜂王浆后，从身体的胃、肠、肝、肾、手脚、皮肤以及汗液、粪便、尿液等出现上述各种反应，而自身感觉清爽，便是暝眩反应。由于个体之间生理上的差异，有的人在短期内排除了体内毒素，身体机能很快便能恢复正常。但有个别人体质较差、疾病较多，暝眩反应可能不止一次。

日本的蜂产品专家德永勇治郎在其所著的数本蜂产品专著中，都提出了"好转反应"的概念。他说："好转反应是在服用蜂产品不久后出现的多尿、出汗、疲劳感、湿疹、血压低等症状，但这并不是副作用所致，而是排除体内积蓄的毒素时出现的现象。"

中药医疗或食物疗法有"不起暝眩，症状不愈"的说法。有暝眩反应的人较易感觉到效果，病体也较容易恢复；反之则恢复得较慢。出现"好转反应"时，若无大的反应，仅需减少

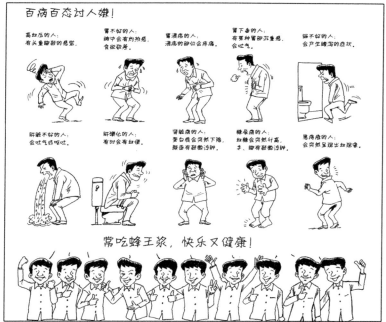

人生百年谁无病，蜂王浆是我们的好朋友

蜂王浆的日食用量或次数即可，个别体质差、患病多的人，可能会出现剧烈的反应，如果有必要，应暂时停止服用蜂产品，观察一段时间后再继续服用。

二十四、 初食鲜蜂王浆可能出现的不适反应及对策

蜂王浆越来越受到国内外广大消费者的青睐，是因为蜂王浆给许多人带来了健康、幸福、快乐和长寿。于是，新的消费者大量涌现，开始食用这种宝贵的天然产品，绝大多数初食蜂王浆的人群皆无不良反应，而且明显体会到蜂王浆的神奇魅力，使用不久，自己就变得食欲好、睡眠好、精神好、气色佳。但确实也有极少数初食蜂王浆的消费者，出现了一些不良反应，对其造成一定的困惑。

1. 蜂王浆独特的口味　毋庸置疑，感官效果对人们的消费产生很大的影响。

在现实生活中，由于受到遗传、地域、文化、环境等的影响，每个人自出生后逐渐形成了个人独特的味觉和饮食习惯，例如，对食物的酸、甜、苦、辣、咸，每个人的嗜好和敏感度是完全不是一样的，有的人喜欢吃酸，有的人喜欢甜，还有的人喜欢吃辣，这在科学上称为"味觉记忆"。

有言道"习惯成自然"，当我们一直对一种产品或味道情有独钟的时候，习惯就形成了。一旦养成了对某种味道或食物的偏好，就难以改变了。这在某种意义上决定了一个人的消费趋向。

当我们初食纯鲜蜂王浆时，第一感觉就是酸、涩、辣，这种独特的味道会立即刺激到食用者敏感的神经，使其对蜂王浆产生了深刻的第一印象——鲜蜂王浆不好吃。我长期观察发

现，有些人，尤其是对口味比较敏感、挑剔的年轻女性和儿童，开始接触蜂王浆时，对这样的味道不习惯，自然也就不喜欢食用了，倒是那些历尽沧桑的中老年人基本上都能欣然接受。

有句话叫"良药苦口利于病"。我要说的是，蜂王浆本身就是一味中药。其防病强身效果经历半个多世纪验证，数以百万计的消费者就是最好的见证人。蜂王浆的口感差些，但确实也不像许多人描述得那样难吃，有许多对味道极其敏感的消费者，食用一个月后，便对这种口味产生了一种认同，开始习以为常了。

过了味觉关，把对蜂王浆的消费变成一种习惯，坚持常年服用，不仅健康当下，还将获益终生。

2. 适应过程的正常反应　科学研究表明，人体非常奇妙，我们既能适应原有的食物、药物、环境，同样，也能对新的食物、药物、环境产生相应的反应和适应。例如，有的人出差、出国到一个新的地方去，经常会出现所谓的"水土不服"现象，出现许多反应或症状，这实质上是自己的身体正在对新的水土、环境、食物产生积极的适应和调整反应。同样，我们以前从未食用过蜂王浆，初次食用时，由于年龄、性别、健康状况等方面差异，身体可能会产生两种截然不同的反应：一种现象是能够迅速给身体带来好处，使我们的疾病或者健康状况得到好转或恢复；另外一种可能则是产生了"瞑眩反应"（日本人称为"好转反应"），就是在食用蜂王浆初期，我们的身体会对其产生一个适应过程，于是出现了一些所谓的"异常"现象，如胃痛、腹泻、盗汗，甚至疲倦、浑身乏力等，有的人将这种正常的生理反应误认为是蜂王浆的不良反应，所以对蜂王浆产生了一种厌恶心理。

这完全是一个大误区。一则"瞑眩反应"说明我们的健康状况确实有问题，二则"好转反应"这是身体适应、调整和恢复健康的前兆，一旦度过这段时间，您的健康程度将更快地回归正常。

3. 肠道过敏，出现腹泻 腹泻是日常生活中常见的一个问题，环境、药物甚至食物都可能导致腹泻的发生，腹部着凉，吃了减肥药或泻药或者吃了不太卫生的食品，都可能导致腹泻的出现。

有些初食蜂王浆的人也可能出现腹泻的现象，根据我多年的经验，出现这种现象很可能出于以下几种原因：

（1）身体出现了"好转反应"。同一包装的产品，其他家庭成员吃了并未出现类似的问题，但是您食用后有胃痛、轻微腹泻等反应，但自身又感到轻松，这属于食用蜂王浆所引起的"好转反应"，显然是一个好的先兆，适应一段时间就没问题了。

（2）发生过敏。有的人初次食用蜂王浆出现了类似的过敏反应，身体皮肤局部出现疹子；有个别人食用蜂王浆后会出现肠道的过敏反应，表现为轻微的腹泻现象，这可能是肠道过敏所致，皆属于正常。

一旦出现食用蜂王浆过敏，建议先暂停食用。然后，间隔7～10天再开始少量试用，若无异常出现，可以按正常量食用；若仍有反应，就不建议再食用了。

（3）食用的蜂王浆产品有质量问题。初食蜂王浆的朋友，由于对蜂王浆的外观、化学成分、生理作用等知之甚少，又缺乏选购蜂王浆的基本常识和经验，不慎购买了假冒伪劣的蜂王浆产品，食用后对消化系统产生负面影响，产生腹泻、胃痛、呕吐等不良反应是必然的。但是，绝对不要以偏概全，把假冒伪劣蜂王浆产品所导致的不良反应或伤害归咎于蜂王浆产品，否则，就会对蜂王浆产生错误的认识。

在此，还有必要强调一下，蜂王浆制品和鲜蜂王浆是完全不一样的产品，蜂王浆制品中除了含有蜂王浆的成分，往往还复配一些其他天然或人工合成的成分，有的还增加了防腐剂、着色剂、赋形剂等化学类食品或药品添加剂。这些附加或添加的成分，也有可能引发身体的不良反应，而这与蜂王浆本身并无任何关系。

4. 迷信某些媒体宣传，对蜂王浆心存忌惮　现代社会被称为信息大爆炸的时代，手机、电视、报纸、杂志、网络每时每刻传递着大量的信息，堪称"应有尽有，五花八门"。有一些外行人士，借助某些媒体平台，大放厥词，公然诋毁蜂王浆的功效价值，编造、放大食用蜂王浆后的不良反应，列出不宜食用蜂王浆的"八大人群"和食用蜂王浆会产生的"六大副作用"等。这些错误言论，会对缺乏专业知识、不明真相的消费者，形成一种心理恐吓和误导，使其在思想上对蜂王浆产生了排斥，使许多热爱健康的朋友对蜂王浆产品望而生畏，不敢购买和食用，甚至对身体产生一定的影响。

5. 巧合误判　消费者经常还会把环境或食用其他药品、食品等带来的不良反应，误认为是吃蜂王浆导致的。我们一日三餐所吃的各种食物都有可能导致异常的生理反应。例如有许多人吃鸡蛋、喝牛奶会产生过敏或身体不适，有的人吃药、打针、饮酒或食用辛辣有刺激性的食品，这些东西都可能使我们产生某种不良反应，如果在这时恰好食用了蜂王浆，一些人不加分析，就会错误地认为这些不良反应是蜂王浆所致，这是值得高度重视的。

由于蜂王浆属于一种温补的产品，有的人初食蜂王浆时可能会出现热感，这是一种非常正常的生理反应。研究表明，几乎所有温补的产品往往都带有一些热性效应，蜂王浆自然也不例外。有些人食用蜂王浆后可能会出现发热、发汗等反应，这或许是一种好转的表现。

二十五、 食用蜂王浆会不会"上火"

不少朋友在刚接触到蜂王浆时，都会产生这样的疑虑：蜂王浆属于上乘营养滋补品，是否会像人参那样，经常吃会上火？

我们都知道，很多人谈到"补"，就觉得会上火，其实，这是大家认识上的一个误区。

在分析食用蜂王浆会不会上火之前，让我们先了解一下中医学对"上火"的定义及"上火"表现的症状。

中医理论认为，"上火"是人体阴阳平衡失调后，内火旺盛所表现出的内热证候。所谓的"火"是形容身体内某些热性的症状，如牙痛、咽喉痛、眼睛红肿、口角糜烂、尿黄等。"上火"在气候干燥及天气连绵湿热时更易发生。

一般认为，"火"可以分为"实火"和"虚火"两大类，实火（实热）多由于火热之邪内侵或嗜食辛辣所致，而精神过度刺激、脏腑功能活动失调亦可引起实火内盛。虚火（虚热）多因内伤劳损所致，如久病精气耗损、劳伤过度，可导致脏腑失调、阴血虚损而生内热，内热进而化虚火。

临床常见的"上火"类型有"心火"和"肝火"。心火表现为心烦易怒、口干、牙龈肿痛、反复的口腔溃疡、低热、盗汗等。肝火大的人情绪容易激动，症状为口干舌燥、口苦、口臭、头痛、头晕、眼干、睡眠不稳定、身体闷热、舌苔增厚等。

解决"上火"的方法就是"去火"，即中医的清热泻火法，可服用滋阴、清热、解毒消肿的药物。平时要注意劳逸结合，少吃辛辣、煎炸等热性食品。

了解了有关"上火"的基本知识，我们再来分析食用蜂王浆到底会不会引起"上火"。

食用蜂王浆绝对不会导致人体阴阳失衡，反而会大大增强人体阴阳平衡，这从根本上否定了食用蜂王浆会"上火"的错误说法。

　　从传统中医的角度来说，补分为温补、平补和清补。民间素有"秋冬进补"的习俗，所以很多人都会认为所谓滋补品都是指温热性质的食物，经常食用容易"上火"。但实际上，滋补并不意味着都是温补，"补"并不全是"上火"的代名词。

　　各类药典都有关于蜂王浆的明确记载：蜂王浆味甘酸、性平，其温而不火、不燥不腻、补而不峻、补不致燥。它虽不是

泻火之物，但也绝不致"上火"，是平补的食品。因此，我们在夏天或秋天都可以吃蜂王浆，还可搭配蜂蜜、果汁等，能取到更好的滋润作用，绝不会"上火"。

个别朋友，吃蜂王浆时恰好自己体内火气正旺，误以为是吃蜂王浆"上火"，这其实与蜂王浆无关。如果是这样，应该就是心理作用了。有的人刚开始吃蜂王浆会口干、发热或轻微腹泻，其实这是刚吃蜂王浆的一个适应过程，与个人身体状况有关，一般1～2周后就消失了。

蜂王浆是男女老少四季皆宜之滋补佳品，完全没有必要担心食用蜂王浆会"上火"，也不必担心食用蜂王浆会产生过凉的问题。

二十六、 让"挑剔客"欣然接受蜂王浆

大家都知道，天然中草药的味道几乎都不太好，味苦、味辛、味怪，可谓是"千辛万苦"。千百年来，我们的先民一直信奉"良药苦口利于病"，中草药学能被不断传承和发扬光大，不是因为味道，是因为其独特的作用和疗效。

在中药的历史演化中，一代又一代先民兴利除弊、去伪存真，对其处方、用法、炮制等进行持续改进和发展，其中最重要的就是发明了"中药蜜丸"，或者用蜂蜜做许多中药处方的药引子、矫味剂，让中药被更多的人所接受，为中华民族的健康和繁衍生息发挥了巨大作用。

我认为，与许多天然中草药的味道相比，蜂王浆还是很好吃的。

纯天然蜂王浆有一种独特的味道，对一些口味比较挑剔的人来说，它确实会成为消费的一个障碍，那么怎样才能消除或改善这种特殊的味道呢？

我们依据老祖先的智慧，结合现代科技创新，经过多年反复实践和改进，成功地解决了困扰消费者的口感问题，让许多"挑剔客"，尤其是对口味敏感的年轻女性、少年儿童等欣然接受了蜂王浆，甚至喜欢上了蜂王浆。

下面给大家介绍一下蜂王浆冰蜜的制作和使用方法。

首先，购买一款材质为食品级 PP、无毒无味的制冰格，如 96 格，冰格尺寸为 31.6 厘米×20.5 厘米×2 厘米，冰块尺寸为 2.2 厘米×2.2 厘米×2 厘米。购买 500 克鲜蜂王浆，500 克高浓度（42 波美度以上）蜂蜜，先将鲜蜂王浆倒入容器中，然后再慢慢加入所备蜂蜜，边加边用力充分搅拌，全部加入后，再继续搅拌约 5 分钟，使其呈均匀状态。这时，将洗干净的制冰格平放在桌上，然后将配置好的蜂王浆蜜倒入制冰格中央，边倒边用平铲将表面抹平，待所有制冰格都填满后，用保鲜膜覆在上面，将其置于冰箱的冷冻室或冰柜中冷冻 24 小时即可。

每次食用时，只需要取一块（约 10 克，纯蜂王浆含量约 5 克）放入口中慢慢含服即可，当然也可放在一些非碱性的冷饮中食用。

这种巧妙处理，完全解决了"挑剔客"的问题。其一，蜂蜜香甜的味道几乎完全遮盖了鲜蜂王浆酸、涩、辣的味道；其二，我们的味觉、嗅觉对冷冻物品的敏感度明显降低，可有效消除蜂王浆的部分原味。

此外，这样做还可大大提高蜂王浆的吸收利用率，真是一举三得。

二十七、 蜂王浆消费的若干误区

近年来，随着社会经济的高速发展和生活水平的提高，人们对生活质量和生命质量的要求也在不断地提高，健康意识不断增强，防病重于治病的观念深入人心，推动了营养食品的迅猛发展。营养品的发展，在一定程度上提高了人们的健康水平，达到了增强体质、调节机能的目的。特别是天然高级营养滋补品蜂王浆，在促进健康、延年益寿、疑难病防治等方面显示出特有的功效，备受人们青睐，消费群体不断扩大。但在当前蜂王浆消费过程中，仍存在一些误区，现列举如下。

误区一：儿童不能服用蜂王浆

网络上出现了许多关于少年儿童绝不能食用蜂王浆的信息。其公然写道："不少家长期望孩子有超凡的智力、出众的体格，就给孩子补蜂王浆，但结果事与愿违。而长期服用蜂王浆的孩子，往往会出现性早熟，所以小孩（16 岁以下）绝对不能吃。"

在蜂巢中，蜂王浆只供给蜂群中的"婴儿"（3 日龄以内的小幼虫）和蜂王食用。蜂王浆是蜂巢中青年工蜂用纯天然的蜂蜜和蜂花粉加工的产品，不含任何对儿童生长发育和智力不利的成分。

我认为，对生长发育中的少年儿童而言，可阶段性地食用蜂王浆是最佳的选择。例如，当孩子出现食欲不振、营养不良、代谢紊乱、体质虚弱、生长发育迟缓、贫血、睡眠欠佳、学习压力大、精神抑郁等情况时，可连续服用 15～20 天的蜂王浆加以矫正，待基本恢复常态，可以停止食用蜂王浆。

误区二：肥胖者不宜食用蜂王浆

肥胖几乎成了这个时代全社会共同关注的热门话题，尤其是女性更加在意。

导致肥胖的原因很多，我认为主要有以下三点：其一，身体"收支"不平衡，换句话说，就是每天摄入的营养过多，消耗得少，于是大量的营养物堆积体内，导致肥胖；其二，工作、学习、生活压力过大，导致内分泌失调，进而引发肥胖；

其三，不良的生活方式和饮食习惯诱发肥胖。当然，还有某些人是由于遗传因素、疾病等引起的肥胖。

某些媒体宣称，肥胖者不宜食用蜂王浆，这种说法既无理论依据，更无科研实践。当然，也有人因为吃了假蜂王浆导致肥胖，还有其他原因引起肥胖，恰好此时正在服用蜂王浆，于是误认为问题出于蜂王浆的。

研究表明，蜂王浆具有显著的调节内分泌和血脂代谢的作用，可愉悦精神、减轻压力，因此，常吃蜂王浆不仅可以平衡各种生理功能，而且还可以减肥。

可以肯定地讲，吃蜂王浆不可能导致肥胖，肥胖人群完全可以放心食用蜂王浆。

误区三：低血压、低血糖患者忌食蜂王浆

我们在网上还看到过这样的描述："蜂王浆中含有类似乙酰胆碱样物质，能使血压降低，因此可导致低血压患者病情加重。""血糖者要忌食。主要是由于蜂王浆中有胰岛素样的物质，能增强人体内胰岛素的降血糖作用，会加剧低血糖反应。""蜂王浆含有大量葡萄糖，服食后可使血糖升高。"

这些错误的言论不仅是对蜂王浆的曲解，更是对广大消费者的严重误导。

大量的科学研究和临床实践表明，蜂王浆在防治高血糖、高血压方面有一定的效果。蜂王浆中含有类似乙酰胆碱样物质，能平稳地调节血压；含有胰岛素样的物质，能调节血糖。研究表明，蜂王浆的调节作用是"双向调节"，即如果血压、血糖偏高，蜂王浆可以降压、降糖，但如果血压、血糖偏低，蜂王浆也可以纠错，将血压、血糖调整到正常水平。

误区四：孕产妇及手术后患者不宜食用蜂王浆

在网络上，我们还看到过许多荒谬的观点："蜂王浆中含有激素，孕妇吃蜂王浆可能影响胎儿正常发育。""乳腺疾病，卵巢、子宫疾病的患者不能吃，如乳腺增生、乳腺纤维瘤、乳腺癌、子宫肌瘤、子宫息肉等的患者，食后会加重病情。""手术后虚弱不受补，喝蜂王浆易使病人肝阳亢盛、气阻热旺而引起五官出血。"

大量科学研究、临床实践告诉我们，此类人群如果食用真正纯天然的鲜蜂王浆，不会产生上述这些问题。事实是，孕产妇及手术后患者，由于身体损耗很大，身体机能需要尽快得到恢复，自然需要更多优秀营养物质的补充，蜂王浆则是这类人群的明智选择。

误区五：用热饮等冲服蜂王浆

有的蜂王浆消费者反映服用后效果不好。当问到他如何服用时，回答是与热茶、热咖啡、热牛奶甚至热开水一起冲服。这样服用蜂王浆，肯定收不到好的效果。因为蜂王浆中丰富的生物活性物质对热较敏感，当温度超过45℃时，蜂王浆的成分就可能受到影响，食用的温度越高，对蜂王浆的活性成分破坏越大，在高温条件下放置越久，活性也丧失得越多，故鲜蜂王浆一定要冷冻冷藏保存。食用时，最好用30～40℃的温蜜水、温开水或用常温的矿泉水冲服（禁用碱性苏打水），效果更理想。

除上述这些误区外，网上还有许多关于蜂王浆的奇谈怪论。

"腹泻、腹痛及胃肠功能紊乱者不宜食用蜂王浆，否则会引起胃肠道强烈收缩，会使原有症状加重。""老年男性不能吃。否则会促进乳腺发育。""发热、咯血及黄疸病患者不宜服用蜂王浆，不然会促使病情绵延不愈，甚至有恶化的可能。""睡前吃蜂王浆是一种错误的饮食习惯，可能导致局部血液动力异常，造成微循环障碍，易促发脑血栓的形成。"

希望大家要擦亮眼睛、明辨是非，要相信科学，相信真正的专家，千万不要被一些别有用心的人所欺骗、误导，给我们的健康带来不必要的损失。

误区一：
儿童不能服用蜂王浆

误区二：
肥胖者不宜食用蜂王浆

误区三：
低血压、低血糖患
者要忌食蜂王浆

误区四：
孕产妇及手术后
患者不宜食用蜂
王浆

误区五：
用热饮等冲服蜂王浆

这些误区不可信！

了解"误区"，不信谣言不上当

二十八、 食用蜂王浆的错误想法和行为

　　蜂王浆健体强身的最大秘诀就在于有始有终地服用，"润物细无声"，在不知不觉中受益。那种企图"毕其功于一役""立竿见影"的想法是不现实的。

　　对于用蜂王浆防病，特别是对疑难病的防治，有些患者总半信半疑，服用蜂王浆也是断断续续，三天打鱼两天晒网，特别是服用几天后见不到效果就停止，这是一种错误的思维和行为。因为蜂王浆是一种天然营养食品，它作用广泛、功效显著，虽然有的人服一周或两周就有明显的反应，但一般都需要服用一个月甚至几个月才能显现出明显效果。

　　1. 期望立竿见影的速效思维　有些人患病后，总是希望早日康复，心情可以理解。但您是否想过，您所患的慢性病是日积月累造成的，矫正身体、恢复健康自然也是一个从量变到质变的缓慢过程。即使服用某些西药能快速见效，但更多的药物都要长期吃才能收到明显的效果，更何况是纯天然的蜂王浆。

常言道"欲速则不达""心急吃不了热豆腐"，静下心来，给我们的身体一个调整转换的过程。坚持食用蜂王浆一两个月，再下结论不迟。

2. 随心所欲的不良习惯　有的消费者听朋友介绍食用蜂王浆效果好，马上行动，购买了鲜蜂王浆，可吃起来发现味道不好，于是便想起来吃一两天，忘了就算了。一个月下来，他觉得蜂王浆没有朋友说的那么神奇，甚至怀疑蜂王浆没效果或是自己买到的是假货。

真的是产品功效不行吗？实际上，很多初次食用蜂王浆的人都是这样时断时续的，特别是服用几天后见不到效果，就放弃服用了，正是这种浅尝辄止的做法导致吃了蜂王浆"无效"。

3. 妄想一劳永逸　一个人的身体健康状况每时每刻都受到外来或自身生理变化的影响，今天健康，不代表明天不患病；年轻的时候身体很棒，不代表老年时不百病缠身。

有的人食用一段时间蜂王浆后，发现身体的某些指标趋于正常，就自认为大功告成，不再服用，结果没过多久，身体状况又回到原来的状态。

世上没有长生不老药，也没有一劳永逸的健康食品，只有及时补充身体所需，才能保证身体器官的正常运转和身体健康。

4. 奢望包治百病　蜂王浆是大自然和蜜蜂奉献给人类的珍稀天然产品，成分复杂、作用广泛、效果显著。

蜂王浆能调理身体的多种机能，使身体处于最佳的运行状态，从而减少疾病的发生，抑制许多疾病的发展，但并不代表蜂王浆能包治百病。

许多人年轻时忽视身体保养，年老后各种疾病接踵而来，健康状况每况愈下。而服用蜂王浆后，一些症状获得了明显的改善，而某些症状改善不明显，这是很正常的。但有的人对蜂王浆寄予了过高的期望，希望服用蜂王浆能解决自己所有的健康问题，这就未免有些苛求和过分了。如果蜂王浆真能包治百病，那天下所有的医院和药店都该关门了！

5. 不专心，见异思迁　今天的社会最不缺的就是"信息"，每时每刻，电视、手机、广播、报纸杂志等的广告宣传铺天盖地。不经意间，许多保健品、药品、治疗秘方就被推送给您，使您应接不暇。对一种疾病、一个健康问题您可能会获得无数解决方案，其中有真有假，有好有坏。

现在市场上营养品名目繁多，且不少商家都极力夸大其功效和效果，一些消费者被虚假广告所鼓动，见异思迁、喜新厌旧，不断变换着尝试各种产品，到头来却是"竹篮打水一场空"。甚至还有人产生了一种奇怪的想法，认为多种产品一起吃就能形成"合力"，产生叠加效果，获得更好、更快的疗效。其结果是，消费者到头来非但没有获得所谓的"合力"，反而降低了服用蜂王浆的功效。

试想一下，如果您患了某种病，到医院看病，医生往往会依据对您身体的各种检测化验结果，给您开药、打针。但我们从未见到哪位医生会给您一次开出治疗同一种病的几种或几十种药，让其产生所谓的"合力"。

我们老祖先在养生治病方面积累的宝贵的经验，最核心的就是辨证施治，因人、因病、因时而异。换句话说，就是适合的就是最好的。

除上述这些常见的食用蜂王浆的错误思维和行为，还必须强调一点，那就是综合防治。每一位希望自己健康的人，都要学会自我健康管理，保持乐观向上的良好心态，养成经常参加体育锻炼的好习惯，戒掉抽烟、酗酒、暴饮暴食、熬夜等不良习惯，否则，这些不良的生活方式或习惯，会抵消蜂王浆等产品的作用，到头来得不偿失。

据弃不良的蜂王浆消费观，坚持必有效果

　　蜂王浆能调节机体的平衡，增强其免疫功能，从而达到强身健体、抵抗疾病的目的。如果您服用蜂王浆后效果很好，那就别见异思迁，坚持不懈地长期专心服用，循序渐进、持之以恒，此乃为上策。

　　一定要摒弃食用蜂王浆的错误思维和行为，这样才能真正受益。

Chapter 9

第九章
蜂王浆的保藏

一、 话说食品的保质期

让我们先了解一下有关食品保质期的知识和相应的国家法规。

食品的保质期是生产经营者根据其原辅料、生产工艺、包装形式和贮存条件等确定的，在标明的贮存条件下保证其质量和食用安全的最短期限，是生产经营者对食品质量安全的承诺。理论上讲，在保质期内，产品保持标签中不必说明或已经说明的特有品质，完全适于销售并可放心食用。换句话说，保质期是指在那个期限内，食品的任何一方面都没有发生明显的变化，食品的风味、口感、安全性各方面都有保证。如果保质期内出了问题，厂家需要负责，而过了保质期，并不意味着该食品就坏了，只是厂家不再担保其质量。

食品能够保存多长时间，除了与食品的种类、配方、生产工艺等相关外，还与使用产品的消费者有密切关系。例如，一位女士买了五袋鲜牛奶，厂家标识未开封，常温下保质期为7天。可她突然接到领导的电话，要到外地出差半个月，于是她将买回的鲜牛奶放在−18℃的冰柜中。这么一来即使半个月后，鲜牛奶早已超过保质期，但很可能不影响质量和食用。再比如南方一位先生买了一包饼干，产品标注的保质期是 12 个月，如果在保质期内不开袋的话可以保持酥脆。可他开袋食用了一半，由于所处环境比较潮湿，几天后，饼干很快受潮变软，很难吃了。于是，他看了一下生产日期，发现才两个月。他想投诉厂家索赔，但事实上厂家并不需负责任。

上面两个典型案例，说明保质期都有附加条件，面包是在常温下保质期为 7 天，饼干则是在不开封时保质期为 12 个月。

在此，还想特别提醒大家两点。其一，保质期并非是"安全"与"有害"的分界线，食品的变质是一个连续渐变的过程。食品成分或者其中的细菌，不会根据保质期按照我们的指示变化——食品不会像许多人想的那样：在保质期之前，就毫无问题；过了保质期，一下子就坏了。更不能说，今天夜里十二点过保质期的食物，十二点零一分就不能吃

正确了解蜂王浆的"保质期"，安全消费

了。其二，保质期并非越长越好。保质期过长，一方面可能带给消费者"滥用防腐剂"的暗示，另一方面也可能增加"不新鲜"的感觉。

食品是一次性消费品，我们完全可以在保质期内吃掉它，从而避免过期后"万一变坏了"的风险。

二、 影响蜂王浆质量的因素及其保存方法

蜂王浆含有丰富的蛋白质、多种游离氨基酸、酶类、维生素、脂类、微量元素等多种生物活性物质，如果不能妥善保存，这些物质将失活并发酵变质，失去应有的营养价值。

在讨论蜂王浆的保存方法之前，我们有必要搞清楚哪些因素有可能对鲜蜂王浆的质量产生影响。

研究表明，对鲜蜂王浆质量影响较大的因素有温度、湿度、微生物、空气、光照等，如果能够有效避免或控制这些因素的干扰，蜂王浆便可久放而功效不减。

1. 温度　蜂王浆对热敏感，很不稳定，在80℃以上的高温下会很快变质、失活失效，即使在常温下放置三天，营养成分也会流失，新鲜度随之下降。如果在常温下久放，鲜蜂王浆会发酵变质，但在避光、密封条件下，冷冻保存两年以上，其成分变化甚微，质量稳定。故鲜蜂王浆必须在避光、密封、低温冷冻等条件下保存。

2. 微生物　微生物无处不在，科学家们称，寄居在人身上的微生物约有400多种，一个人的体内大约有1.4～2千克重的细菌。在某种意义上来说，人的身体是一个各类车间俱全的微生物加工厂，每年一个人的身体能产出1 000亿至100万亿个微生物。

引起蜂王浆腐败变质的因素有很多，主要有化学、生化和

微生物等因素，其中微生物占主导作用。蜂王浆在贮存过程中，极易受微生物侵袭而腐败变质。要延长蜂王浆的保质期，就要杀死微生物或抑制其生长繁殖。

温度是影响微生物生长与存活的最主要因素。任何微生物都有其最适生存的温度范围，高于或低于此温度，微生物的生长会受到抑制。多数细菌、酵母、霉菌的营养细胞和病毒在50～60℃下10分钟可致死，但蜂王浆是不能采用高温处理的。在0℃以下时，微生物体内水分冻结，生化反应无法进行而停止生长，有的甚至会死亡，故低温、充氮、密封等都是保藏鲜蜂王浆常用的方法。

3. 水分　大家知道，含水量越高的食品越难保存。蜂王浆的腐败与其水分含量有关，更确切地讲，是与水分活度相关，水分活度越大，自由水含量越多，越易受微生物感染，所以，降低水分活度是延长食品保质期的手段之一。蜂王浆冻干粉就是在低温条件下降低了水分含量和水分活度，从而延长了其保存时间。

4. 氧含量　微生物的增殖需要不同的气体环境，在有氧的环境中，霉菌、酵母和细菌都能引起食品变质，而缺氧时，引起变质的只能是酵母和细菌，高浓度 CO_2 和 N_2 可抑制微生物生长。所以，可采用真空包装或真空充氮包装来延长蜂王浆的保质期。

5. 提高渗透压　微生物的细胞膜属半透膜，当微生物细胞置于高渗透环境中，水将通过细胞膜从低浓度的细胞内进入细胞周围的溶液中，造成细胞脱水而引起质壁分离，使细胞不能生长甚至死亡。所以，一般可用高浓度的蜂蜜来保存蜂王浆，将其配制成蜂王浆蜜保存食用。

6. 添加纯天然防腐剂　添加食品防腐剂是延缓食品变质的有效手段之一。防腐剂一般分为化学合成品和天然品，其中化学合成品又分为酸型、酯型和无机防腐剂，在实际生产中应用较多；天然品包括植物源、动物源、微生物源、矿物源防腐剂以及一些天然有机物。在蜂王浆或其制品中加入 $2\%\sim5\%$ 的纯天然蜂胶，既可起到良好的防腐效果，同时还可强化蜂王浆的功效，一举两得。

　　除此之外，还有一些延长蜂王浆保存时间的方法。例如，使用棕色玻璃瓶子盛放、密封避光。至于网上宣称的使用白酒延长蜂王浆的保存时间、蜂王浆胶囊和片剂可以在常温下可保存 2 年等，我认为没有科学道理，是绝不能相信的。

　　总之，一定要尽可能排除上述影响蜂王浆质量的各种不良因素，科学保存保鲜蜂王浆。同时，速食是上策，购买的蜂王浆最好在六个月内吃完，最长也不要超过一年。

三、　与蜂王浆等产品的储存、保鲜相关的几个温度概念

　　为防止食物腐败变质，延长其食用期限，可以通过物理、化学等方法对食品进行保鲜贮藏。常用的方法有低温保藏、脱水保藏、抽真空隔绝空气、加入防腐剂和抗氧化剂等。

　　温度是对食品质量和新鲜度影响最大的因素，了解相关的温度概念，对指导我们保藏、保鲜和科学食用蜂王浆有重要意义。

　　温度（temperature）是表示物体冷热程度的物理量，国际上测量温度的基本单位有华氏温标（℉）、摄氏温标（℃）和国际实用温标等。摄氏温度℃与华氏温度℉的转换公式为：℉＝℃×9/5＋32。

　　在许多食品、保健品和药品等的标签或说明书中有一些常用术语，如常温下保存、低温下保存、冷冻保存、密闭、密

封、遮光、阴凉处、凉暗处、干燥处等，尤其是关于温度的概念很多，大家要正确理解其含义。

1. 常温　也叫一般温度或者室温，常温并非是指当前的自然温度，也不是一个具体的温度点，而是一个范围，一般是指 20～25℃。

国际上许多国家和地区对常温有明确的标准规定，欧洲的法国、德国、英国……北美的美国、加拿大、墨西哥……亚洲的韩国、日本……一般都将常温定义为 20℃。而北欧的瑞典、芬兰、挪威、荷兰……则将常温定义为 15℃。

据此，"常温"一般是指 20～25℃ 这样一个温度范围。

2. 低温　低温是指 0℃ 以下降低食品温度并维持低温水平或冰冻状态，能阻止或延缓它们的腐败变质，从而达到短期或长期储藏和远途运输的目的。目前，以低温技术、设备和方法保藏食品获得了广泛的应用。

低温下能长期保存食物，主要是由于低温可以降低食品中微生物的繁殖速度，从而实现对食品较长时间的保藏保鲜。在10℃以下，绝大多数微生物和腐败菌的繁殖能力大大减弱；当温度降低至 0℃ 以下时，微生物基本已经停止了对食物的分解，而温度降低至 -10℃ 以下时，大多数微生物将不能存活。同时，低温能降低食物和微生物中酶的活性，从而延长食品的保存时间。

3. 高温　高温就是 30℃ 以上了，在超过 35℃ 的高温条件下，许多食物中的营养物质会发生显著变化，活性大大降低，例如，牛奶中的很多营养物质，比如维生素、蛋白质和生物活性物质等，都对高温比较敏感，容易在加热的过程中被破坏。加热的温度越高、时间越长，破坏就越严重。实验证明，牛奶一旦被加热到 60℃ 以上，营养成分就开始被破坏。当加热到 100℃ 以上时，很多蛋白质成分会发生变性反应，维生素也会大量流失。特别是生物活性成分，堪称牛奶中的精华，剧烈加热后很容易被破坏殆尽。同样，适度高温、高湿的条件，利于微生物的繁殖，含水量高的食物更容易变质腐烂。

4. 阴凉处、凉暗处　阴凉处指温度不超过 20℃ 的地方；凉暗处是指避光，并且温度不超过 20℃ 的地方。

5. 冷藏　指温度控制为 2～10℃。对于受热后易变形、变质的产品，需要冷藏保存，放置在冰箱中的冷藏室为宜。

6. 密闭　指将容器密闭，使尘土和异物无法进入。

7. 密封　指将容器密封，以防止风化、吸潮、挥发或异物进入。要密闭保存的产品应放在玻璃瓶内，瓶口要封严，不能用纸盒贮存，否则易变质。

8. 遮光　指用不透光的容器包装。如蜂王浆等应放置在棕色瓶中并置于低温处保存。

四、 蜂王浆是在高温环境中生产的吗

如果今天的温度是 35℃ 或更高，我们就称为高温天气，一般来说这样的温度不可能持续 24 小时。了解蜜蜂的人都知道，在整个繁殖季节，包括蜂王浆的生产季节，蜂巢昼夜 24 小时都保持在 34～35℃ 的恒温状态，只有在这样的环境中，青年蜜蜂才能分泌蜂王浆，因此，蜂王浆是在高温条件下生产出来的。

但蜂王浆并不像蜂蜜、蜂花粉一样，可在此温度下长期存放，聪明的蜜蜂将分泌的蜂王浆饲喂给蜂王或三日龄以内的小幼虫，而这些小家伙会在 24 小时内消耗完这些蜂王浆。换言之，即使在连续一天一夜 35℃ 的高温条件下，蜂王浆的活性和质量几乎不会发生变化。

五、 温度与蜂王浆的保质保鲜

在蜂王浆的消费过程中，大家经常问与温度相关的各种问题：

1. 夏季高温时，我从蜂产品店购买了蜂王浆，在回家或带到外地的路上没有低温冷藏，产品是否会变质？

2. 我家的冰箱突然坏了一周，原来放置在冰箱冰冻室里的鲜蜂王浆质量会不会受到影响，是否会失活变质？还能吃吗？

3. 我1年前购买了10盒蜂王浆口服液，吃了6盒，后来由于搬了新家，将剩余的4盒产品放在室内一处避光、干燥、密封但非低温的地方，忘了食用。现在距离保质期还有两个月，请问这样的产品还能食用吗？

4. 听朋友说，把鲜蜂王浆放在冰箱中冷藏室保存时，若每日反复打开冰箱，最终会导致蜂王浆内的活性物质大量丧失，是真的吗？

蜂王浆含有的多种优质的蛋白质，以及多种游离氨基酸、酶类、维生素、脂类、微量元素等丰富的营养活性物质，大多对温度、阳光、空气等比较敏感。换言之，高温、长久暴露于空气中和阳光直射，都会对蜂王浆的质量产生很大影响。其中温度是影响蜂王浆质量和活性的最重要因素，鲜蜂王浆如果在常温下久放，不仅新鲜度明显下降，而且营养成分会流失；如果在高温高湿条件下存放，不久就会失活并发酵变质，丧失应有的营养价值。反之，在低温冷冻时，蜂王浆停止生物氧化，相对稳定，这样可保存很长的时间不变质。

温度对于蜂王浆的贮存来说是极其重要的一环。日本科研人员曾通过观察喂幼虫能否发育成蜂王来测量蜂王浆的质量，他们做了如下实验：将从蜂巢取出的新鲜蜂王浆，立即避光、密封，置于$-18℃$的低温设备中保存，两年后将其取出解冻，并以其人工饲喂蜜蜂幼虫，最终，该幼虫发育成蜂王，说明蜂王浆生物活性和营养成分保持完好。与之形成鲜明对比的是，将上述新鲜蜂王浆置于$5℃$的条件下贮存一年，并以其人工饲喂蜜蜂幼虫，结果是这些幼虫都不能发育成蜂王，说明蜂王浆的质量已经发生了变化。

研究表明，鲜蜂王浆的质量、活性与贮存温度、时间呈负相关，即温度越低，越能久放而不变质，温度越高，时间越长，越容易变质，储存时间相对越短。

概括来讲，蜂王浆的质量与贮存时间长短和储存的环境温度有极大的相关性：在低温下很稳定，对热相对不稳定。在消费过程中，一定要将蜂王浆放在冰箱或冰柜中冷藏或低温冰冻贮存保鲜。

一般来说，温度在$34\sim35℃$，蜂王浆在24小时内的质量和活性不会受到影响；常温下$20\sim25℃$，蜂王浆可保存72小时质量不变；冰箱冷藏室一般为$4\sim5℃$，鲜蜂王浆的保质期可延长至$10\sim15$天；在冷冻$-4\sim-5℃$，鲜蜂王浆存放半年，其成分变化甚微；在冰箱冷冻室$-5\sim-10℃$温度下贮存蜂王浆，可以保存一年左右；明显在$-18℃$以下的深冷状态下贮存，蜂王浆质量十分稳定，两年后活性成分和有效成分都不会降低。

但将蜂王浆置于$45℃$以上的高温环境存放，其活性将很快下降；若将贮存的温度提高到$130℃$左右，蜂王浆会完全失活失效。因此，建议消费者一定要用低于$35℃$的温开水冲蜂王浆，绝对不能用$45℃$以上的热开水服用。

总之，蜂王浆固然对温度敏感，不能在高温条件下久放。但并不像某些非专业人士宣称的那样"娇气"。消费者购买蜂产品及其制品后，应尽量缩短蜂王浆的保存时间，尽快食用。同时，一定要按照产品说明书上的方法保存和使用，切莫自作主张、肆意妄为。

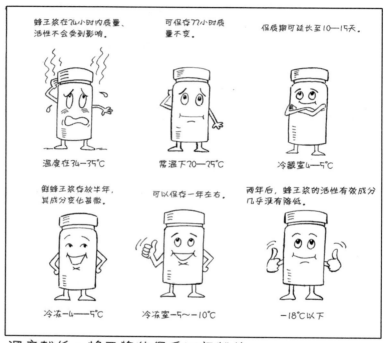

蜂王浆在24小时内质量、活性不会受到影响。 温度在34-35℃

可保存72小时质量不变。 常温下20-25℃

保质期可延长至10—15天。 冷藏室4—5℃

鲜蜂王浆存放半年，其成分变化甚微。 冷冻4——5℃

可以保存一年左右。 冷冻室-5～-10℃

两年后，蜂王浆的活性有效成分几乎没有降低。 -18℃以下

温度越低，蜂王浆的保质时间越长

六、 鲜蜂王浆保存有讲究

蜂王浆是一种独特的天然物质，几乎含有人体所需的全部营养成分。同时，蜂王浆又含有丰富的高活性生物物质，是一种具有鲜活特性的生物营养品，其中的营养物质只有在保存良好的状态下才能发挥其应有的作用。

鲜蜂王浆成分复杂，对酸、碱、强光、热、金属、空气

（氧气）等外界因素相对比较敏感，许多活性有效成分会受到高温、细菌、阳光甚至紫外线光照的影响。虽然蜂王浆有很强的抑菌能力，但对酵母菌的抑制作用相对较弱，在高温高湿环境中容易起泡发酵、腐败变质。如果发现蜂王浆颜色变深，有馊味、苦味等异味甚至发酵产生气泡，则表明蜂王浆已变质，不宜再食用。

因此，鲜蜂王浆的保存是很有讲究的，必须将其放置在相对密闭的容器和低温、避光的环境中。

1. 容器　蜂王浆呈一定酸性，pH 为 $3.5 \sim 4.5$，考虑到王浆酸可能与金属发生反应，故不宜长期用铁、铝、铜等金属容器来盛装保存。最好选用乳白色的无毒塑料瓶、棕色、黑色玻璃瓶或不锈钢容器来保存。

蜂王浆对光照比较敏感，长时间强光照射可能对蜂王浆质量造成影响，尤其是紫外线对蜂王浆的活性有效成分具有极大的破坏作用，会导致蜂王浆颜色逐渐加深，化学性质发生改变，从而加速蜂王浆变质而失去营养价值，因此，保存鲜蜂王浆的容器以不透光为好。

2. 密封，防污染、防氧化　大家知道，空气是很重要的，有的地方空气干燥，有的地方，尤其是南方或沿海地区，空气湿润，含水量高；有的家庭讲卫生，干净整洁，空气中的细菌等较少；有的不太讲究卫生，空气中弥漫的杂菌相对较多。

蜂王浆长时间暴露在空气中，会被空气中的氧气逐渐氧化，空气中的水蒸气对其也有水解作用。此外，蜂王浆还会受到空气中各种杂菌的污染。

食用和贮存蜂王浆时，应尽量避免将蜂王浆长时间暴露在空气中，减少蜂王浆与空气、水蒸气等的接触。暂时不食用的蜂王浆，应装满瓶，尽量不留空隙并及时加盖，不给空气留下可乘之机。如果能真空密封低温保存则更好。

3. 防止细菌污染　空气中含有大量杂菌，长时间暴露于空气中的鲜蜂王浆，在常温下很容易受到细菌污染，放置15～30天，颜色会变成黄褐色，腐败且散发出强烈的恶臭味，并有气泡产生；因此，盛放蜂王浆容器一定要清洗、消毒并晾干后再使用。

需要提醒大家的是，当蜂王浆颜色变深，分离出稀薄水分，出现异味甚至产生气泡时，表明蜂王浆质量已发生严重变化，不宜食用。

蜂王浆中含有丰富的营养活性物质，食用时越新鲜，越有利于营养的吸收，越能获得更好的食用效果。若存放时间太长或贮存不当，蜂王浆容易被氧化，容易腐败变质，营养价值也会降低。因此，要尽量缩短蜂王浆的保存时间，尽快食用。

七、 冷冻、解冻对鲜蜂王浆质量的影响

蜂王浆是天然高级营养品，成分复杂，富含生物活性物质，对热很敏感，必须在冰箱或冷库中低温冷冻保藏，在食用或加工时再解冻。

新鲜的蜂王浆口感细腻，无晶粒，但蜂王浆低温保存超过三个月，其中的某些有机酸就会有结晶析出，特别是在2～4℃时更易结晶，使蜂王浆口感呈颗粒状。有的消费者不了解实情，担心冷冻后的鲜蜂王浆的营养成分遭到破坏，有的人甚至怀疑，长期冷冻鲜蜂王浆对其质量有很大的影响。

最耸人听闻的是，某省的报纸、公共汽车电视广告等媒体称："食品反复多次冷冻、解冻，容易产生某些致癌物质……冰冻蜂王浆等食品从低温的冷冻状态恢复到冰点上的解冻状态，其细胞膜遭受到较严重的损伤，细胞汁液大量流失……"等等，这完全是毫无科学依据的恐吓、会误导消费者。

　　研究表明，鲜蜂王浆长期冷冻后，原有的部分王浆酸等受到低温的影响，会慢慢析出结晶，形成颗粒状物质，因此，冷冻贮藏的蜂王浆出现颗粒状晶体实属正常现象，不会对蜂王浆的质量造成很大的影响。

　　目前，国内外还未见冷冻蜂王浆解冻时会产生有害和致癌物质的报道。研究表明，冰冻的蜂王浆在解冻时，王浆中的各种分子运动非常缓慢，不会产生任何剧烈的化学变化，对其有效成分和功效的影响甚微，更不会产生有毒物质和致癌物质。

　　众所周知，我国冷冻鲜蜂王浆的主要出口国家是日本、法国、美国、西班牙等，这些国家对进口食品的检验和控制都是非常严格的，难道他们会进口解冻后会产生有害物质的冷冻蜂王浆？特别应指出的是，蜂王浆并非生物体，没有细胞，根本不存在细胞结构和细胞膜，说什么冷冻蜂王浆解冻"其细胞膜遭受到较严重的损伤"，纯属无稽之谈。

　　即使是细胞，冷冻、解冻也未必会对其造成严重损伤。例如，精子是具有生命活性的生殖细胞，通过超低温液氮（－196℃）冷冻的精子可以长期保存，解冻后的精子还可与卵子结合授精，从而形成新的生命。如果冷冻的精细胞经过解冻就会产生有害物质、细胞膜受损的话，怎么能与卵子结合形成新的生命体？由此可见，蜂王浆解冻会产生有害物质纯属谣言。鲜蜂王浆必须冷冻保存，解冻也不会产生有害物质。

　　在这里，给大家介绍一下冷冻鲜蜂王浆的解冻办法。如果家有冰箱的，可先将冷冻蜂王浆放在保鲜（层）柜中让其自然解冻。没有冰箱的，可将蜂王浆瓶套在塑料袋内，密封好，泡入凉水中自然解冻，如有条件的话，可将其放在流动的水中解冻，速度更快。但千万不能用微波炉加热，也不能用热水浸泡或在阳光下暴晒解冻。

专家特别提示，相信科学，不听信谣言，让蜂王浆为您的健康服务。

八、 久放的蜂王浆产品会失效吗

食品保质期是人们茶余饭后常聊的话题，无论什么食物都有保质期，所以大家在选择蜂王浆的时候一定要仔细挑选才好，千万不要买到过期的产品，这样会花冤枉钱。购买的产品一定要严格按照生产厂家标示的保存条件和方法保存。

让我们先看看消费者提出的两个典型问题。

问题一：张先生一年前购买了 0.5 千克鲜蜂王浆，听别人说，配制成蜂王浆蜜后可以久放，就用 0.5 千克蜂蜜兑入大约放入 0.1 千克鲜蜂王浆，搅拌均匀后放在冰箱冷藏处。后来忘记食用，现在发现已分层，取出上面部分放入口中品尝，有点酸味和苦味，不知还能食用否？

问题二：王女士讲，三年前，我买了一大盒鲜蜂王浆，里面有 100 个小袋，每一小袋 5 克真空包装的。她打开包装喝过几袋，后来忘记了，一直存放在冰箱冷冻室里。前天，她取出一小袋看了一下，其颜色还是浅黄色的，没有变化，品尝了一下，基本上还是蜂王浆的原味，可按盒子上标注的生产日期已经过期将近一年半了，不知是否还可以食用？

国家有关部门对所有入口产品的保质期或有效期等都有严格的规定。具体到蜂王浆产品，一般保质期为十八个月。但这个期限并不代表产品的实际有效使用期限，只是在这个期限内，严格按照产品说明书标示的储存条件保存，其质量、功效几乎不变。超过这个期限，产品的质量、作用有可能有所下降，但并不意味着完全失效。

蜂王浆的成分相对比较稳定，只要保存条件合适，即使三年后，它的效能也无多大改变。例如，将新鲜的蜂王浆密封，并置于－18℃的条件下保存，数年后品质几乎没有改变。如果将新鲜的蜂王浆密封后放入－196℃的液氮中保存，恐怕十几年也不会变质。这样做成本太高，也没有必要。

现在来回答上面两位消费者的问题。

首先，张先生配置的蜂王浆蜜完全不可食用了。我们知道，引起食品腐败变质的因素较多，主要有温度和微生物两大因素，其中微生物占主导作用，要延长食品的保质期，就要杀死微生物或抑制其生长繁殖。鲜蜂王浆一般是不加防腐剂的，如果没有经过冷冻，就无法抑制微生物增长。家用冰箱的冷藏室，一般温度为 4～5℃，研究证明，鲜蜂王浆放置在这样的环境下，一般保质期为两周左右，蜂王浆蜜的保存时间可以长些，但在匀质不分层的情况下，置于冰箱的冷藏室最多也就一个多月。

由于比重的差异，张先生的蜂王浆蜜已分层，蜂王浆已漂浮在蜂蜜之上，这就相当于将鲜蜂王浆置于冰箱的冷藏室保存。在这样的情况下，最多可以保存 30 天。张先生的蜂王浆蜜的储藏时间已超过了一年，并且品尝时有酸味和苦味，据此可以判断，该蜂王浆蜜已经变质，绝对不能再食用了，如果食用，轻则喝了没有任何功效，重则容易引发胃肠疾病，得不偿失。

再看看王女士三年前购买的鲜蜂王浆，虽然已经超过了厂家标注的保质期，可她的蜂王浆一直存放在冰箱冷冻室里（一般－15℃以下），而且产品至今颜色、味道基本未发生变化，这样的"过期"产品仍然可以放心食用。

九、　鲜蜂王浆的储运及相关事项

蜂王浆的活性成分与蜂王浆的新鲜程度关系密切，只有在新鲜状态或储藏良好的条件下才能发挥蜂王浆的滋补作用。所以，蜂王浆的储藏保鲜是其生产、运输、销售以及消费者食用中不可忽视的重要环节。

在鲜蜂王浆的生产、运输、储藏过程中，均需要采用低温冷链。也就是说，鲜蜂王浆从生产厂家或销售商运至终端客户手中，全程都应该采用冷冻、冷藏或低温冷链运输。此外，在运输过程中，还要尽量避免空气、光照、温度、微生物、酸、碱等因素对蜂王浆质量的影响。

运送鲜蜂王浆，要视具体季节、天气、区域、距离等情况来决定是否采用冷链运输。在北方的冬季，户外气温都在零度以下，无论短途或长途运送鲜蜂王浆，都不需要冷链。即使在南方或炎热的夏季，同城或当天可以到达的地方，也可以不用冷链运输，因为厂家在出售鲜蜂王浆前，一般都会将其保存在零下十余度的冷库、冰柜或冰箱中，让鲜蜂王浆完全处于深冻状态，即使在夏季，外界环境温度高达三十多度，要使 1 千克密封的鲜蜂王浆温度从零下十余度上升到三十多度，至少也要五六个小时，即使温度上升到三十多度，在 12 小时内也不会对鲜蜂王浆的质量造成影响。当然，外包装层数越多，单位包装蜂王浆数量越大，融化的速度越慢，可储存时间就会越长。

在省际、洲际运送或携带（在国内乘坐飞机、高铁等）少量的蜂王浆，对于运输时间超过一日的，可先将盛满鲜蜂王浆的瓶或盒密封放在保温桶、保温盒等容器内，并在其中放置干冰袋或适量的冰块。此外，还要用隔温隔热的遮光袋进行外包装，确保在整个运送过程中，容器内的蜂王浆与外界的空气尽量不接触，确保蜂王浆的质量不受影响。

现代化交通工具的发展、快递业的迅速兴起、现代冷藏保鲜设备的普及应用，为鲜蜂王浆在国内城市之间的快递创造了良好的条件，限时送达、闪送等都能保证鲜蜂王浆的品质在长途运输过程中不受影响。

　　在省际、洲际之间大量运送鲜蜂王浆，往往都会使用现代化交通工具，如飞机空运、高铁陆地运输，还有轮船海上运输。海运虽慢，但轮船上都有相应的冷藏、冷冻设备，通过飞机或火车运输大量蜂王浆时，要将蜂王浆放置在规格一致（1千克装）的不透明塑料瓶内，密封后放入特制的隔热泡沫塑料箱内，一般每箱放 10 瓶，内放 3 个冰袋，将泡沫塑料箱盖严、外套纸箱捆扎结实后放入冷库。在夏季，采用这种方法可在户外放置 48 小时，冬季可放置更长的时间。

　　长途大量运输鲜蜂王浆要做好以下几方面的工作：

　　（1）包装。蜂王浆必须用无毒塑料瓶盛装。装瓶前必须用清洁水刷洗干净，用 75％食用酒精消毒，晾干后方能使用。每瓶净重 1 千克，装瓶后用医用橡皮膏贴封。

　　（2）包装标志。装蜂王浆的瓶外要明示"蜂王浆专用"和防振动用的"↑"字样。同时用标签写明产地单位、送达单位、发货日期和发货总量，贴在外包装箱侧面。

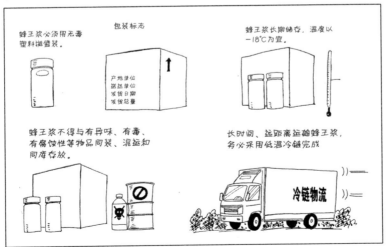

长途运输蜂王浆的注意事项

（3）储存与运输。蜂王浆长期储存，温度以－18℃为宜；生产、收购和销售过程中短期存放时，温度不得高于4℃。

（4）蜂王浆不得与有异味、有毒、有腐蚀性和可能产生污染的物品同装、混运、同库存放。

（5）蜂王浆应低温运输，－5～－7℃下可较长时间储藏蜂王浆。

Chapter 10

第十章
正确认识蜂王浆的激素、过敏反应

一、 正确区别和理解毒副作用

中医和中药是中华民族健康和繁衍发展的瑰宝。很早以前，我们的祖先已对中药的毒性和副作用给予了高度重视，今天，这个问题更加引起了广泛的关注。

1. 对药物"毒性"认识的演变 古代关于药物"毒性"的记载历史久远。两千多年前的战国时期创作的《素问·五常政大论》认为，凡治病之药皆为毒。药有大毒、常毒、小毒和无毒之说。《神农本草经》根据有毒、无毒，将药物分为上、中、下三品，简单地解释就是攻邪治病的药物为有毒，能补虚的药物为无毒。毒性药物就是指那些药性烈、服后容易出现强烈毒副作用的药物。

现代中药学认为，毒性是药物对机体产生的严重不良影响及损害，是用以反映药物安全性的一种性能。因此，中药毒性的传统概念与现代内涵是不同的。

今天，由于医药科技的发展，产生了大量化学合成的西药，我们也给"毒性"赋予了全新的定义。

现代医学中的"毒性"，指的是外界各种化学物质，通过特定的途径进入人体后，能够直接或者间接地损害人体的一种能力，或者说是超量使用药物所引起的比较严重的不良反应。显然，"毒性"只是一个定性，对于损害程度的大小、损害部位等没有规定，所以说毒性也是一个相对的概念。

毒性反应也称毒性作用，是指由化学物质与生物系统的化学成分干扰机体正常代谢及自稳机制，引起的身体较重的功能紊乱及组织病理变化，以致引起细胞死亡、细胞氧化、突变、恶性变、变态反应或炎症反应。

毒性反应一般是由于患者的个体差异、病理状态及合用其他药物引起敏感性增加而产生的。那些药理作用较强、治疗剂量与中毒剂量较为接近的药物容易引起毒性反应。毒性反应的类型、严重程度主要取决于毒物的理化性质、接触状况、生物系统或个体的敏感度。

一种外源化学物对机体的损害能力越大，则其毒性越高。外源化学物毒性的高低仅具有相对意义。在一定意义上，只要达到一定的数量，任何物质对机体都具有毒性，如果低于一定数量，任何物质都不具有毒性，关键是此种物质与机体的接触量、接触途径、接触方式及物质本身的理化性质，但在大多数情况下，与机体接触的数量是决定因素。

由药物毒性引起的机体损害习惯称中毒。大量毒药迅速进入人体，很快引起中毒甚至死亡者，称为急性中毒；少量毒药逐渐进入人体，经过较长时间积蓄而引起的中毒，称为慢性中毒。此外，药物的致癌、致突变、致畸等作用，称为特殊毒性。相对而言，能够引起机体毒性反应的药物称为毒药。

2. 副作用　药品的副作用也称药物的副反应，是在正常安全用药或产品的剂量内出现的与用药或治疗目的无关的药理及生理表现。随着主要作用而附带发生的不好的作用，是药物或产品自身的作用之一，副反应只是药品或产品不良反应中的一部分。

当然，由于药物大多通过肝脏代谢、肾脏排泄，所以正常剂量或长期使用也可能出现肝肾功能异常，这个应认为是不良反应，也就是副作用。同样，阿托品既有解除胃肠道肌肉组织痉挛的作用，也有扩大瞳孔的作用；当患者服用阿托品治疗胃肠道疼痛后，容易产生视物不清的副作用。药品不良反应包括药品的副作用反应，还包括药品的毒性作用（毒性反应）等。

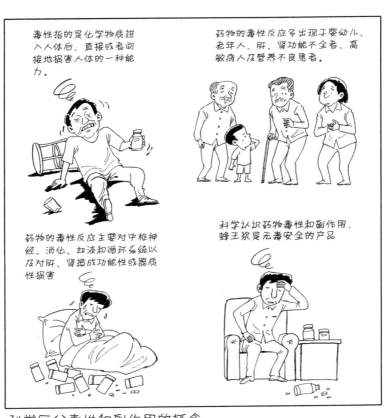

科学区分毒性和副作用的概念

3. 药物毒性对人体的危害　药物的毒性反应是对人体有较大危害的药物不良作用，一般因用药剂量过大或用药时间过长引起。但正常使用有时也可发生。根据药物的不同，中毒症状表现各异，主要是对中枢神经、消化、血液和循环系统以及对肝、肾造成功能性或器质性损害，严重者可危及生命。

4. 易感人群　药物的毒性反应多出现于婴幼儿，老年人，肝、肾功能不全者，高敏病人及营养不良患者，故临床用药时，应详细询问以往病史，根据病人个体差异，调整剂量和给药间隔时间，合理用药，以保证用药安全有效。

总之，不论是中医还是西医，大家一定要遵守医生的处方使用药物，不可简单认为某种药物"有毒"或"无毒"。一个药物一旦脱离疾病、搭配、剂量、给药途径及具体病人等多种因素，很难说它是"好的"还是"坏的"。

二、　蜂王浆有无毒副作用

多年来，在消费者、媒体甚至蜜蜂行业内部，关于蜂王浆有无毒副作用、禁忌和适应的人群等问题一直争论不休，一度在市场和消费者中间造成很大的混乱，对蜂王浆产业发展带来了很大的影响，如不及时加以澄清，未来还会产生更大、更广的消极影响。

为了让大家清楚地分辨各方的观点，我们暂且将其划分为正方和反方，且看下面正反双方的观点交锋。

正方观点认为，蜂王浆是一种珍贵的天然产品，在蜂巢中，它是蜜蜂小幼虫和蜂王的专用食物，无毒副作用。专业人士所做的动物毒理实验也充分证明了这一点。所以，食用蜂王浆是绝对安全可靠的。

蜂王浆的营养成分十分丰富，所含的蛋白质、氨基酸、维生素、微量元素等有效成分，皆被科学证明对人的健康有益无害；且对人体有很高的营养保健和防病强身的价值，无任何副作用，适合所有人群。

经长期大量的临床验证，食用蜂王浆体内不会产生抗体，多吃也不会有副作用。大量国内外长期食用蜂王浆的人群，获得了健康长寿，也佐证了食用蜂王浆有百利而无一害，更无禁忌人群或不适宜人群而言。

正方的结论是：纯天然蜂王浆无毒副作用，无禁忌，可以放心长期食用。

反方的观点认为，蜂王浆是青年蜜蜂食用天然的花粉和蜂蜜加工而成的，蜂花粉及其转化物蛋白质、酶类物质，虽无毒安全，但有极个别人是不适应的，极少数人食用蜂王浆后可能会产生过敏等不良反应。

蜂王浆是天然营养滋补品，尽管有很多优点，但是确实也有一部分人不适合食用，有人食用后会产生燥热感，有的还可能出现胃痛、腹泻等症状。

常言道"是药三分毒"，就像人参，大家都知道它是大补的，但同样不可多吃，吃多了，火气攻心，也会害死人的。同样，蜂王浆一旦吃多了也可能适得其反，产生不良后果，甚至对人体健康也会产生一定的危害。

反方的结论是：纯天然蜂王浆虽然功效多多，但是并不是任何人都适宜食用。一定要尊重医嘱，谨慎食用蜂王浆。

这里，我作为一个专家，对两种观点加以评判。我更多地支持或赞成正方的观点，因为其更加科学、客观和公正。但反方讲的一些事实也客观存在，例如，极个别人在某个阶段食用蜂王浆会产生如肠道过敏而腹泻等不适感，有的人还会起疹子，但这都是正常的现象。

日常生活中，有的人对牛奶过敏，有的对鸡蛋过敏，您认为这不正常吗！

几乎每个人都从小就听过"是药三分毒"的俗语，那么，怎样正确理解这句话，它到底表达的是什么意思呢？

首先，这句话是在告诫人们不能乱用药，这里的"毒"在传统医学当中应该是指药物的"偏性"，即用药物的寒热温凉的偏性，来纠正人体的失常的偏性。对于正常人，服用存在偏性的药物，反而使得阴阳失去平衡，从而危害健康。

其次，"毒"也可以作为现代医学中的"毒"去理解，因为每种药物都是有自己的安全用药范围的，只是有些药物的安全范围大，有些药物的安全范围小，一旦超出了安全用药剂量，就会产生毒性，从而损害身体健康。

在我从业四十年的过程中，也曾发现，有极个别人患了重病，急于恢复健康，一日食用40～50克的鲜蜂王浆，结果确实出现口干舌燥的燥热感，此乃物极必反。后来我发现，还有两种人也会有类似反应，一是炎热的夏季初食蜂王浆的人；另一种是身体体质比较差且初食蜂王浆的人，但减量适应一段时间，然后再逐渐增加用量就没事了。

我的结论是：蜂王浆是个好东西，几乎适合所有人，百分之九十九的人可长期放心、大胆地食用，健康长寿一定属于您。

三、 蜂王浆有毒性作用吗

很多人都认为中药是纯天然的，甚至是没有任何毒副作用的，这种说法有一定道理，但未必完全正确。

据《中药有副作用吗?》一文记载，目前已经发现的中药大约有12 800多种，而真正会发生不良反应的只有120多种，不到千分之一，会产生严重不良反应的不超过50种。由此也可以看出，绝大多数中药是无毒副作用的。相对于西药的毒副作用，中药有毒副作用的数量极少，且更加安全有效。

无论国内还是国外，评价药品、保健品最重要的标准之一就是安全，其次才是疗效或功效，对蜂王浆的评估和应用也不应例外。

据日本学者 Hashimoto 等（1977）对蜂王浆的毒理进行了研究：给小鼠或大鼠口服或皮下注射蜂王浆，未能产生毒性症状和死亡。给予大鼠连续 5 周腹腔注射蜂王浆，剂量分别是 300 毫克/千克/天、1 000 毫克/千克/天、3 000 毫克/千克/天（相当于 60 千克的人，每天注射 18 克、60 克和 180 克），结果未见明显的毒副作用。甚至在用量达 16 克/千克/天（相当于人体剂量 1 000 克/天）时，都未发生实验鼠死亡的情况。仅见血中转氨酶活性降低，卵巢重量减轻，而肝、脾和肾上腺重量增加，但对大鼠的生长、进食量、饮水量均无影响，血液和尿化验分析亦无异常改变。给小鼠腹腔注射蜂王浆的剂量≥5 000 毫克/千克，大鼠腹腔注射蜂王浆的剂量≥10 000 毫克/千克时，可见呼吸急促，扭体和自发活动减少，注射后 24～96 小时可见部分小鼠死亡。

中国农科院蜜蜂研究所骆尚骅（1989）在研究蜂王浆对动物急性中毒试验中，取 20 只体重 18～22 克的雄性昆明种小鼠，试验组按每千克体重灌服活性蜂王浆口服液 10 毫升（每毫升含蜂王浆 50 毫克），每天灌服一次，连续 10 天。第 10 天时处死，取血计数红、白细胞，测定血清谷丙转氨酶活性和尿素氮的含量。结果证明，试验小鼠的体重比对照组略有增加，血液中红、白细胞的数量及谷丙转氨酶的活性与对照组无明显差异，尿素氮的含量试验组平均值为 0.40 ± 0.09（O. D），而对照组为 0.48 ± 0.05（O. D），$t=2.923$，$P<0.005$，两者有极明显的差异。此结果说明活性蜂王浆口服液能提高试验动物

蛋白质和氨基酸的利用率，促进动物的生长，而对试验动物的血液、肝、肾功能无任何毒性作用。

对鲜蜂王浆的药理学毒性研究表明：蜂王浆对小鼠、家兔、犬、猫均无毒性，但其中含有大量维生素及少量激素，过量使用也会导致中毒；对小白鼠、豚鼠可引起过敏反应，如以100℃，15分钟加热3次后，其过敏作用可消失。

临床上的大量应用也表明，蜂王浆非常可靠和安全，极个别（过敏体质）人服用后，可出现荨麻疹或哮喘，停药或给予抗过敏药，症状即可消失。

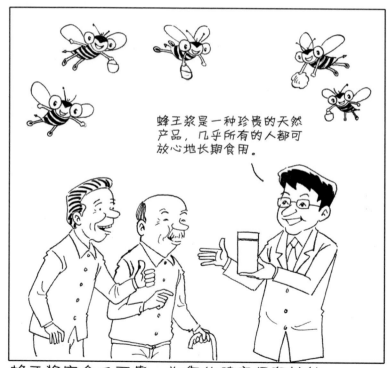

蜂王浆是一种珍贵的天然产品，几乎所有的人都可放心地长期食用。

蜂王浆安全又可靠，为您的健康保驾护航

四、 关于过敏的医学知识

过敏是一种机体的变态反应，变态反应又称超敏反应。一般来讲，当"过敏原"第一次进入身体时，会与肥大细胞或者是嗜碱性粒细胞结合，产生白三烯、前列腺素等过敏因子，但并不会立即产生过敏，此状态有些将维持 2～3 天，有的甚至长至数月。当身体再次接受相同抗原刺激后，肥大细胞才会变形，产生过敏因子和体液性或细胞性的异常免疫反应，其结果是引起组织损伤或生理功能障碍，也就产生了一系列的过敏现象。

在过敏反应的发生过程中，过敏介质起着直接的作用。过敏原是过敏病症发生的外因，而机体免疫能力低下、大量自由基对肥大细胞和嗜碱粒细胞的氧化破坏是过敏发生的内因。

过敏反应是人对正常物质（过敏原）的一种不正常的反应，过敏原接触到过敏体质的人群才会造成过敏，过敏原有花粉、异体蛋白、化学物质、粉尘、紫外线等几百种。

此反应仅见于少数过敏体质的人，引起变态反应的抗原称为过敏原或变应原。它可以为完全抗原，如异种血清蛋白、异体组织细胞、微生物等；亦可为半抗原，如青霉素等药物及生漆等低分子物质。

变态反应可分为四型：

Ⅰ型变态反应发生较快，如青霉素过敏症等；

Ⅱ型变态反应为溶细胞型变态反应，如输血反应；

Ⅲ型变态反应由抗原抗体复合物引起，故又称免疫复合物疾病，如过敏性肾小球肾炎、类风湿热等；

Ⅳ型变态反应亦称迟发型变态反应，如传染性变态反应、接触性皮炎等。

Ⅰ、Ⅱ、Ⅲ型变态反应是抗体与过敏原发生结合而引起的，Ⅳ型为免疫淋巴细胞参与反应的结果。

五、 食用蜂王浆可能产生的过敏反应

蜂王浆是营养珍品，并有诸多健康价值，这是无可非议的。但蜂王浆与许多日常食物和药物一样，它是由 200 多种成分组成的混合体或化合体。其中某种成分对个别人可能是过敏原，有个别体质敏感的人服用蜂王浆后，身体可能会产生一些不适感。

蜂王浆之所以有那么多的好处和功效，就是因为蜂王浆中含有非常多的营养元素，特别是含有大量的优质特异性免疫球蛋白以及丰富的维生素、酶、激素等。同时，蜂王浆里还含有极少量花粉、蜂胶等物质的成分，它们可能会使一些过敏体质者产生过敏反应。那些平时吃海鲜易过敏、经常药物过敏的人，或对花粉、蜂胶过敏者，最好慎用蜂王浆。若在不知情的情况下服用了蜂王浆，可能也会导致过敏的发生，出现皮疹、皮肤瘙痒、哮喘、口干、心率加快、呼吸不畅、呕吐等过敏症状。

从目前国内外的研究结果看，尚未发现蜂王浆引起严重副作用的报告。日本学者于 1983 年首次报告了因蜂王浆引起的皮炎；国内也有人发现，在使用蜂王浆的过程中，有的患者出现了某些不良的反应，如肠胃不好者，食用蜂王浆后可能会引起拉肚子等不良症状。

极个别的人在特定的时间食用鲜蜂王浆可能产生过敏现象，实属正常，因为过敏是我们自身生理变化的一个表现。举两个例子加以说明：例一，一群人一起到海边吃海鲜，甚至吃的是同一锅的同种海鲜，其中一个人过敏了，这是他自身的生理问题，而这锅海鲜对其他人而言，是美味佳肴。例二，有些人身体不好，经常到医院去看医生。假设他患的病需要注射抗生素，则护士每次注射都要给他做皮试。如果他说，我以前注射抗生素从未过敏，这次就免了，医生、护士肯定不答应。原因很简单，他今天的生理状况和以前若干次的生理状况肯定是不一样的，所以皮试非做不可。即使个别人某次吃了蜂王浆产生了过敏，也不代表别人吃了会过敏，更不代表未来某个时间自己再吃也会过敏。即使一个所谓的过敏体质者，也非对所有致敏物质都过敏。况且在我们的日常生活中，引起过敏的食物很多，有的人对海产品过敏，有的人对牛奶鸡蛋过敏，有的人甚至对水果过敏。

我在从业的 40 多年时间里，遇到过千万个蜂王浆消费者，但因服用蜂王浆而引起不良反应的寥寥无几，出现严重过敏反应的极其罕见，至少我未听说过，更未亲眼见过。

根据我们与国外专家的多次交流和多年来的观察总结，蜂王浆过敏基本表现为三大症状：其一，较为严重的过敏，主要表现为哮喘、气喘、咳嗽、心悸、眩晕以及流涕、打喷嚏等过敏性鼻炎的症状等；其二，表现在皮肤上，局部或全身表现为湿疹、丘疹性荨麻疹和皮肤瘙痒等症状；其三，胃肠道过敏，具体症状是服用蜂王浆后，出现胃痛、呕吐、腹部不舒服，甚至出现轻度腹泻。

对过敏体质者而言，在平时生活中就要特别注意，除了蜂王浆之外，其他蜂产品也要谨慎使用，否则很容易发生过敏现象。尤其是一些在日常生活中吃海鲜容易过敏的人群，对各种蜂产品尽量少触碰，更要谨慎服用。

为了安全起见，如果您是过敏体质，尤其是对花粉、海鲜有过敏史的人群，最好不要服用蜂王浆，如确有必要，应在医生的指导和建议下服用。最好从小剂量开始，无不良反应后方可逐步增量。

有极个别人（主要为过敏体质的人）在服用蜂王浆的过程中，可能会产生过敏反应，如有发生，应立即停止服用，必要时可给予抗过敏药，症状就会消失。

过敏反应是人对正常物质（过敏原）的一种不正常的反应，仅见于少数有过敏体质的人。

医学专家告诉我们，过敏是机体正常的生理反应

六、 使用蜂王浆万一过敏，会出现哪些症状

随着社会的发展和人们生活水平的不断提升，现代人更注重养生保健、养颜美容了。蜂王浆是一种珍贵的天然产品，富含多种蛋白质、维生素、激素类及乙酰胆碱等活性物质，功效强大，作用广泛，受到社会大众的普遍钟爱。然而，其中一些生物活性物质是过敏原，大约有千分之几的人群（主要是过敏体质者）食用或外用后可能会产生过敏反应，如不分体质盲目使用，有可能会事与愿违，甚至对健康产生不利的影响。

根据我们与国外专家的多次交流和多年来的观察总结，蜂王浆过敏基本表现为三大症状。第一，较为严重的过敏，主要

表现为哮喘、气喘、咳嗽、心悸、眩晕以及流涕、打喷嚏等过敏性鼻炎的症状等；第二，表现在皮肤上，局部或全身为湿疹、丘疹性荨麻疹和伴随着皮肤瘙痒的症状；第三，胃肠道过敏，具体症状是服用蜂王浆后，出现胃痛、呕吐、腹部不舒服，甚至出现轻度腹泻。

过敏反应是蜂王浆的许多天然产物在某些过敏体质的人身上出现的保护反应，只要立即停止食用，这些过敏症状就会在一两天内消除。

蜂王浆虽然是一种功效奇特、作用广泛的营养保健产品，但并非适合所有人，个别人对蜂王浆有可能产生过敏，所以大家在服用蜂王浆的时候也应该注意。

七、　哪些人容易对蜂王浆产品过敏

网上的谣传是这样讲的："蜂王浆是高蛋白的食物，过敏体质者乱吃，轻则出现气喘、呼吸困难、皮疹、皮肤瘙痒等过敏症状，严重的会诱发过敏性休克。"猛一看挺吓人的。但若科学地分析，这种说法是没有道理的。

为什么绝大多数人（99％的人）无论内服还是外用蜂王浆都无异常反应，而极个别的消费者使用时会产生过敏反应呢？

专家研究后发现，过敏反应就像咳嗽、打喷嚏之类的生理反应一样，是人体对外界不良刺激的一种自我保护性反应，发生各种过敏反应是一种很正常的现象。我们日常生活中碰到的液体、气体、固体等化学物质都可能成为引发异常生理、心理或精神反应的刺激因素，甚至连我们呼吸的空气，吃的粮食、蔬菜、肉、蛋、奶，穿的衣料，用的化妆品等，都可能成为致敏原。

产生过敏反应的机理是什么？这是一个十分复杂的问题，

迄今为止我们尚未完全弄清它的全部细节。有的学者认为过敏反应的发生与家族遗传和个体的生理特点密切相关，也就是说某些家族的成员由于遗传的关系对某些种类的过敏原较敏感，易于发生某些过敏反应；而有的人因自身的生理特性及环境因素的影响对某些过敏原会产生反应。引发过敏反应必须具备两个条件：一个是要有外来的过敏原作为体外的刺激物作用于易感人群使其致敏；其次是此过敏原再次作用于致敏者才会发生过敏反应。

特别是以下两类人，更容易对蜂王浆产生过敏反应：一是身体虚弱者；二是过敏体质者。

医学上对"过敏体质"是这样定义的：过敏体质一般是指容易发生过敏反应和过敏性疾病而又找不到发病原因的体质。具有这种体质的人可发生各种不同的过敏反应及过敏性疾病，如有的患湿疹、荨麻疹，有的患过敏性哮喘，有的则对某些药物特别敏感，可发生药物性皮炎等。

蜂王浆作为一种高蛋白质食品，可能引发极个别人过敏，这主要与蜂王浆复杂的组成和使用者自身生理上对蜂王浆某些营养物质产生排异反应相关。蜂王浆过敏还呈现出以下三种基本规律：一是女性多于男性，至少多 1～2 倍，这自然与男女的生理差别有关；二是天热时过敏人数增加，这可能与身体新陈代谢旺盛有关；三是外用过敏者大大多于内服过敏者，这可能是由于在内服时，消化液可部分分解蜂王浆中过敏原。

我们大家在服用蜂王浆的时候，首先要全面了解有关过敏的基本知识，对过敏有一个正确的认识，其次要了解自己是否属于过敏性的体质，自己食用蜂王浆是否会过敏。这样，才能更好地保证自己服用蜂王浆的安全。万一服用蜂王浆产生过敏，应该立即停服。

八、　怎样预防蜂王浆过敏

　　研究表明，导致人体过敏的原因有很多：其一，遗传因素。如果父母双方有过敏史，子女被遗传的概率高达80%以上。其二，过敏与个人生活饮食、药物有关。如海鲜、贝壳类、花生、鸡蛋、牛奶等含高异蛋白质食品以及咖啡、芒果、桃等都可能引发过敏。人体肠道中的益生菌会刺激免疫系统作用，但如果在日常生活中，食用抗生素或是类固醇含量太高的产品，也会导致肠道内的益生菌数量降低，降低免疫功能，增加过敏反应的发生。其三，过敏与环境因素有很大关系。长期以来，环境的日益恶化、食物链的转变、各种速成食物及食品添加剂的大量使用，使各种过敏疾病在近十年翻了几倍，已成社会流行病，发病人群每年都在成倍增加。

　　我们大家在服用蜂王浆时，应事先了解自己的体质是否属于过敏性体质，全面认识蜂王浆与过敏的关系，如果服用蜂王浆过敏，应该立即停止服用。

　　直到今天，尚没有一种简易地快速测定蜂王浆过敏的方法。

　　蜂王浆的使用一般分为内服和外用，因使用方法不同，过敏的产生方式也不一样。口服时，蜂王浆主要是在小肠内吸收，除少数病例外，过敏反应的产生历程较为复杂，症状的反应不像外用时那样易于判断。因此，现在还没有一种准确地预先测定口服蜂王浆是否会过敏的方法。当然，极少数对蜂王浆过敏者，口腔黏膜及舌尖一接触蜂王浆就有异常反应，如发痒、发麻等，有这种反应的人一般都对口服蜂王浆过敏。

　　对于外用蜂王浆的过敏试验，可以借用皮肤测试的方法，即在手臂较为灵敏的皮肤处，预先用蜂王浆或蜂王浆制剂做局部涂抹，过 10～20 分钟后，查看涂抹部位的皮肤是否有丘疹等异常情况出现，如有异常情况发生，那就说明受试者可能对蜂王浆过敏。一般来说，口服蜂王浆过敏的人，大多数外用蜂王浆时也会发生过敏反应。因此，初次口服蜂王浆时，预先做一下皮试也是有益的。但是，也有一部分人在使用蜂王浆很长一段时间后才出现过敏反应。

口服蜂王浆体内不会产生抗体，原则上不会有副作用。若出现上述任何一种情况，最好暂停使用蜂王浆产品，症状重者，最好服用一些抗过敏药。

九、 万一出现蜂王浆过敏怎么办

对于过敏，我一直强调两点，一是要真正了解过敏的基本知识，二是要了解自己的体质和健康状况，预防是应对过敏的最好方法。

在广大食用蜂王浆的人群中，虽然只有极个别人会产生过敏反应，但还是有必要讲讲万一出现蜂王浆过敏该怎么应对。当然，这些对策也适合日常生活中碰到的其他环境、食物、药物过敏。

前面我们讲过对蜂王浆敏感的人群及使用蜂王浆后出现的各种过敏症状，这些蜂王浆皮肤试验有异常反应的人，通常就属于过敏体质，这样的人，最好不要接触和使用蜂王浆及蜂王浆制剂，这是预防蜂王浆过敏最为有效的办法。当然，也有极个别人皮肤试验为阴性，而在正式食用蜂王浆或食用了相当长一段时间后，由于人体内的生理或环境因素等发生了变化，导致产生变态反应。因此，在食用蜂王浆时，要注意观察身体的反应，切勿麻痹大意而使身体受到不必要的影响。

万一出现蜂王浆过敏怎么办，应做到以下四点即可：

1. 在思想上重视过敏　易感人群在思想上要提高自己关于变态反应的认识水平，消除恐惧、不安的心理。万一出现蜂王浆过敏，当事者本人及旁观者应保持镇静，切勿慌乱和紧张，情绪紧张会加速或加快变态反应的症状。

2. 远离过敏原　在食用蜂王浆的过程中，如果出现过敏症状，首先要迅速查清过敏原是否是蜂王浆，若过敏原是蜂王浆就必须立即停止食用。同时，可大量饮用浓蜂蜜水。

3. 禁食刺激性食物　一旦出现食用蜂王浆过敏的情况，应保持饮食清淡营养，尽量避免与外界刺激物接触，尤其是其他易致敏的物质，如海鲜、酒等。不喝浓茶、咖啡，不饮酒，忌食黄鱼、海虾等容易引起过敏的食物。不吃酸、辣菜肴或其他刺激性食物，不吃或少吃煎炸油腻食物，暂停使用化妆品、护肤品等。

4. 对症治疗　如果食用蜂王浆只有轻微过敏症状，马上停止使用即可。万一发生极其罕见的较严重过敏，应就近找医生进行对症治疗，当一时找不到医生时，可适当服用一些镇静剂或安定剂。

出现过敏症状，可以口服抗过敏药物治疗，如氯苯那敏、氯雷他定片、消风止痒颗粒、西替利嗪颗粒、葡萄糖酸钙等，严重过敏的还可以同时口服类固醇激素，如强的松片和维生素 C 片等，甚至立即采用输液治疗。

皮肤痒可以外用维生素 B_6 软膏、氧化锌软膏、百宝霜或赛庚啶乳膏等药物治疗，经过治疗，一般都会逐渐恢复，不用担心。

如果反复发作或服药数日无效，建议及时到医院看皮肤科检查过敏原，再根据症状体征及时给予抗过敏止痒的药物，也可以给予中医祛风止痒的中医中药调理。

最后要强调的是，易感人群平时应加强身体锻炼，选择高营养的膳食，养成良好的卫生习惯，保持充足的睡眠，避免身心过度疲劳。因为良好的身心素质能减轻过敏反应的症状。也可以在医生的指导下接受脱敏治疗。

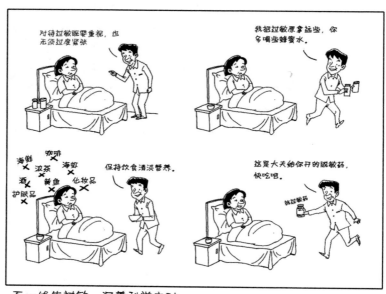

万一发生过敏，沉着科学应对

十、 科学认识激素

荷尔蒙一词源于希腊文，意思是"激活""奋起活动"，我们现在称之为"激素"。科学上对激素的定义为：激素就是人体内高度分化的内分泌细胞合成并直接分泌入血的化学信息物质的总称。激素在人体血液中的含量极微，其生理浓度在100毫升血中以微克、纳克、皮克来计算。

激素普遍存在于自然界各种动植物中。我们把动物的某些器官、组织或细胞所产生的一类微量但高效的调节代谢的化学物质称为动物激素；把植物体内合成的对植物生长发育有显著作用的几类微量有机化合物称为植物激素；人工激素则是根据化学原理，利用化学方法和化学原料人工制造的激素。

动物激素比较复杂，有脂质、多肽、固醇等；植物激素相对比较简单，共有七类，即脱落酸、植物生长素、细胞分裂素、乙烯、赤霉素、寡糖素和油菜固醇内酯。

人体每日能分泌大量不同的激素，调节身体的各种生理机能，维护健康。同时，我们每日所食用的各种天然食品中都含有激素，无论是植物性食品，如粮食、蔬菜、水果，还是各种动物性食品，如肉、蛋、奶，没有一种不含激素的。它们都是人体激素的重要来源和必要补充，对健康有百利而无一害。

天然激素与人体内源性激素不同，它在被吸收之前，需要经过肠道内微生物发酵与分解；天然激素是天然化合物，与人工合成的激素类化学药物也不相同，它能与人体激素受体相结合而发挥其作用。

毫不夸张地讲，我们的生命就是靠这些含有激素的动植物食品滋养的，我们的健康也是由它们来维系的。

所谓激素疗法，就是通过注射激素类药物或者食用含激素的药品、食品来补充体内的激素，包括天然激素和人工合成激素。很显然，天然激素对人体更好些。它不仅具备一定的调节生理机能的作用，更重要的是不会对身体造成伤害。

随着科技的发展，人们对天然激素进行了大量研究，开始利用化学手段合成激素。人工激素虽然与天然激素的功能差不多，但其分子（式量，结构，元素等）与天然激素不完全相同，也不能像天然激素那样在自然界中被生物代谢分解。

人工合成激素具有不确定性，有些女性因为得了重病，使用合成激素治疗，结果造成了乳腺增生和子宫增生，实在让人惋惜。

科学、客观地认识激素，可以消除我们对食用蜂王浆、蜂花粉等天然物质的误解和忧虑，增强我们的消费信心。

十一、 激素与人体健康

一提起激素，人们便会想起使人躁动不安的兴奋剂，认为它对人体有害而无益。因此，一听说某种食品中含有性激素，便谈虎色变、退避三舍了，其实这种观念带有很大的偏见性。

科学地讲，生命需要激素，健康更需要激素。激素是调节机体正常生命活动的重要物质，在人的整个生命活动过程中，起到了重要而不可取代的作用。

医学研究表明，虽然人体激素的分泌量均极微，为毫微克（十亿分之一克）水平，但其调节作用极明显，对健康的影响也很大。人体的许多生理活动都是由胰岛素、肾上腺素、胃肠激素、松果体激素、甲状腺激素，胸腺激素、性激素等调控的，人一刻也离不开激素。

激素作用甚广，但不参加具体的代谢过程，只对特定的代谢和生理过程起调节作用，调节代谢及生理过程的进行速度和方向，从而使机体的活动更适应内外环境的变化。

一个人从出生到成人，整个生长过程都受到生长激素的调控。年轻人之所以朝气蓬勃、活力四射，都是激素的作用。女性的卵巢能产生卵细胞和分泌雌性激素，雌性激素能维持女性的第二性征，美丽、丰满、活力，都与卵巢分泌的雌性激素密切相关。

一个正常的健康人，每天会分泌大量的胰岛素，它能调节糖的代谢，促进血糖合成糖原，降低血糖的浓度。

当人受到惊吓时，会出现心跳加快、血压升高等现象，在神经的刺激下，肾上腺会分泌大量的肾上腺素，肾上腺素又反过来刺激心跳中枢和血压中枢，使人心跳加速、血压升高，显得面红耳赤，这说明人体的生命活动主要受到神经系统的调节，同时也受到激素调节的影响。

　　人体内激素的种类繁多，来源复杂。目前，已经确认的人体激素达75种之多，其中有25种为肽类和蛋白质激素，有50多种为甾体激素。人体中产生的主要激素及生理作用如表10-1所示。

表 10-1　人体中产生的主要激素及生理作用

分泌器官	激素名称	生理作用	分泌异常症
下丘脑	促甲状腺激素	刺激垂体合成并分泌促甲状腺激素	
	促性腺激素	刺激垂体合成并分泌促性腺激素	
垂体	生长激素	促进生长，主要促进蛋白质的合成和骨的生长	过多：巨人症或肢端肥大症　过少：侏儒症或影响糖、脂质、蛋白质代谢
	促甲状腺激素	促进甲状腺的生长和发育，调节甲状腺激素的合成和分泌	
	促性腺激素	促进性腺的生长和发育，调节性激素的合成和分泌	
甲状腺	甲状腺激素	促进新陈代谢和生长发育，提高神经系统的兴奋性	过多：甲状腺功能亢进（甲亢）　过少：呆小症或成年甲状腺机能不足

（续）

分泌器官	激素名称	生理作用	分泌异常症
胰岛 A细胞	胰高血糖素	促进肝糖原分解和非糖物质转化，提高血糖浓度	
胰岛 B细胞	胰岛素	调节糖代谢，降低血糖浓度	
胸腺	胸腺激素	调节T细胞发育、分化和成熟，同时进入血液，影响外围免疫器官和神经内分泌系统的功能	
睾丸	雄性激素	促进雄性生殖器官的发育和精子的生长，激发并维持雄性的第二性征	过少：不育症
卵巢	雌性激素	促进雌性生殖器官的发育和卵细胞的生长，激发并维持雌性的第二性征和正常性周期	过少：不孕症
肾上腺髓质	肾上腺素	与甲状腺激素协同作用增加机体产热；与胰高血糖素协同作用升高血糖	
下丘脑的神经细胞分泌	抗利尿激素	加强肾脏对水的重吸收，使尿液浓缩、尿量减少	
卵巢	孕激素	促进子宫内膜和乳腺的发育，为受精卵着床和泌乳做准备	

　　人体一旦缺乏激素，就会对健康造成影响，激素缺乏会引起人体各种代谢失调、内分泌活动紊乱，出现精神不振、神经衰弱、疲劳无力等症状。

　　激素缺乏或过多会引发各种疾病。例如，生长激素分泌过多就会引起巨人症；甲状腺素分泌过多就会引发心悸、手汗等症状，分泌过少易导致肥胖、嗜睡等；胰岛素分泌不足会导致糖尿病，出现多饮、多尿、多食，且日渐消瘦、四肢无力等糖尿病的症状。如果幼年时生长激素分泌不足、分泌过少，会导致侏儒症，也就是身材矮小但智力正常。

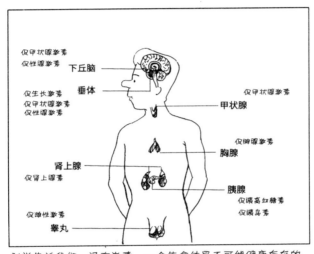

科学告诉我们，没有激素，一个生命体是不可能健康存在的

　　实际上，人体内的激素含量水平会随着年龄的增长而慢慢下降，人到暮年，激素水平会急速下降，肥胖、高血糖、高血压、更年期综合征的出现，都是激素"惹的祸"。

　　这里需要强调的是，有些人工合成的化学激素类药物，会对身体健康带来巨大风险。尤其是患有某种罕见的疾病时，医生在万不得已的情况下，只能选择化学合成的激素类药物来治疗，如果长期使用，这些药物会对身体产生严重的副作用。停止服用这些激素，会导致人体出现性激素不平衡的现象，甚至会出现严重的依赖症，所以务必三思而后行、谨慎使用。

十二、 著名营养学家对于激素的论述

　　各种媒体中关于蜂王浆的奇谈怪论不断出现，其中最多的当数蜂王浆里所含激素对妇女、儿童的影响。有些所谓的专家（医生）认为蜂王浆含有激素类物质，会对女性生理和儿童发育产生不良影响，例如：女性吃蜂王浆会导致子宫肌瘤、引发乳腺增生；儿童吃蜂王浆会出现"性早熟"等。这显然是对蜂王浆的误解、对消费者的误导，是不科学、不负责任的错误说法。

　　二十多年前，《北京青年报》的记者就蜂王浆、蜂花粉中含有天然激素，女性、小孩能否食用等问题，采访过著名营养学家于若木，她从 3 个方面驳斥了某些所谓专家的错误言论，对蜂王浆、蜂花粉的功能给予充分肯定。

　　观点一：一定要把天然激素和人工合成激素区分开来

　　许多人对蜂王浆中所含激素的误解，完全源自专业知识的贫乏。他们把天然激素与人工合成的激素混为一谈，看到自己身边有人吃激素药、打激素针而导致患子宫肌瘤、肥胖等问题，便对激素产生了畏惧感。

　　我们每天吃的各种粮食、蔬菜、水果、肉、蛋、奶等都含有激素，而它们所含的激素为天然激素，对人体有益无害。

　　植物雌激素主要有两种类型：异黄酮和木脂素。异黄酮存在于豆类、水果和蔬菜等食物中，木脂素往往存在于谷类、扁豆、小麦和黑米，以及葵花籽、茴香、洋葱等食物中。

　　大豆食品富含大豆异黄酮，性质与人体雌激素相似，当雌性激素不足时可起到类雌激素效果，而雌性激素过剩时又起到抗激素作用。鸡蛋自身的营养非常丰富，被称为"完全营养食品"，其中所含的胆固醇是人体制造雌激素的原料，女性最好每天吃一个，对健康大有裨益。红薯含有类似雌性激素的物质，女性食用后能使皮肤白嫩细腻。可以肯定地讲，天然激素普遍存在，对人体有益无害。

观点二：没有激素，生命体是不存在的

有医学或生命科学常识的人会知道，每一个活着的生命都必须由激素来维持，可以毫不夸张地讲，没有激素，就没有生命的存在。

激素是调节机体正常活动的重要物质，在人类的繁殖、生长、发育、其他各种生理功能、行为变化以及适应内外环境等，都能方面发挥着重要的调控作用，人体除自己分泌许多激素，甚至还要从食物等中补充一定量的激素，以维持正常的激素水平，促进正常的新陈代谢和调节内分泌活动等，人体一旦激素分泌失衡，便会带来疾病，一旦缺乏必要的激素，就会引起各种代谢失调、内分泌活动紊乱，出现精神不振、神经衰弱、疲劳无力等症状。

观点三：没有激素，一个小孩不可能发育成一个大人

生长激素是人的脑垂体前叶分泌的一种肽类激素，是人体生长发育最主要的激素。生长素能调节人体脂肪和矿物质等物质的代谢，促进蛋白质合成和能量平衡，促进骨骼、内脏和全身生长，影响着一个人从出生开始的生长过程。

人在幼年时，如果生长素分泌不足，也就是促进身体生长的激素缺乏，轻则会导致生长发育迟缓，重则导致身体长得特别矮小，称"侏儒症"；如果生长素分泌过多，可引起全身各部过度生长，骨骼生长尤为显著，致使身材异常高大，称"巨人症"。

除上述三点之外，我还要强调三点：

1. 所有的激素都具有相对特异性　激素有高度专一性，包括组织专一性和效应专一性。前者指激素作用于特定的靶细

胞、靶组织、靶器官。后者指激素有选择地调节某一代谢过程的特定环节。例如，甲状腺激素几乎对全身的细胞都起作用，而促甲状腺激素只作用于甲状腺。胰高血糖素、肾上腺素、糖皮质激素都有升高血糖的作用，但胰高血糖素主要作用于肝细胞，通过促进肝糖原分解和加强糖异生作用，直接向血液输送葡萄糖；肾上腺素主要作用于骨骼肌细胞，促进肌糖原分解，间接补充血糖；糖皮质激素则主要通过刺激骨骼肌细胞，使蛋白质和氨基酸分解，以及促进肝细胞糖异生作用来补充血糖。同样，昆虫的蜕皮激素，人吃后也不会产生任何作用。

2. 天然激素能在短时间内被代谢　激素的化学本质是蛋白质，天然激素类物质从分泌入血，经过代谢到消失（或消失生物活性）所经历的时间长短不同。激素作用的速度取决于它作用的方式，作用持续时间则取决于激素的分泌是否继续。

激素的消失方式有以下几种：①被血液稀释；②由组织摄取；③代谢灭活后经肝与肾，随尿、粪排出体外。口服天然激素，会在短时间内被消化分解，有的激素半衰期仅几秒，有的则可长达几天。

3. 天然激素的作用符合量效关系　在我们平常所吃的食品中，无论是植物类的粮食、蔬菜、水果，还是动物类的肉、蛋、奶等，各种天然食品、药品中的激素类物质的含量一般微乎其微，并且能在短时间内被代谢掉，几乎不会给我们的身体带来不良影响。

记住上述专家的观点，将让您受益终生。

十三、 人工化学合成的激素类药物可能对人体产生较强的副作用

随着科技的进步，我们对天然激素的认识有了很大的提

高，借助于现代先进的仪器设备，不仅可以了解天然激素的化学组成和结构，还可以应用现代科学技术，人工化学合成不同种类的激素，然后由制药企业再将其制成治疗不同疾病的各种药品。

广义的激素类药物就是以人体或动物激素为有效成分的药物。该药物可以分为：糖皮质激素、肾上腺糖皮质激素、去甲肾上腺激素、生长激素、胰岛素、孕激素、如松果体激素等。该类药物的常见使用方式包括静脉使用、口服、外用等。

人工化学合成的激素类药物是一类应用广泛、药效迅速、治疗效果显著的药物。同时，由于药理作用复杂，副作用相对严重，一直以来都备受争议，一般医院不到万不得已是尽量避免使用该类药物的。

世界著名制药公司默克公司日前公布了一项最新临床研究结果：长期使用人工合成激素类药物，其后果不堪设想：不但可引起肥胖、浮肿、血糖升高、高血压、胰腺炎，诱发或加重胃及十二指肠溃疡、肌肉萎缩、肌无力、月经紊乱、骨质疏松、无菌性骨质坏死、儿童生长抑制、恶心、呕吐、多毛、感染、痤疮、满月脸、紫纹、伤口愈合不良、血钾降低、钠潴留、诱发精神症状等病症，还可对肾脏本身造成一些损害，如加重肾小球疾病蛋白尿、加重肾小球硬化、导致肾钙化或肾结石、诱发或加重肾脏感染性疾病、引起低钾性肾病与多囊性肾病等。

较长时间给予较大剂量的糖皮质激素，还会引起机体糖、蛋白质、脂肪及水电解质等一系列物质代谢紊乱与体温调节紊乱，会破坏机体的防卫系统和抑制免疫反应能力，严重抑制下丘脑—垂体—肾上腺轴，因而可引起一系列更严重的副作用和并发症。例如银屑病患者滥用以上药物后，一旦停药，不但会使原发病情反弹加重，出现副作用和不良后果，还可诱发更加严重的红皮症型和脓疱型银屑病，并对激素产生的依赖性。

眼部长期大量应用人工激素，可引起血压升高，导致视神经损害、视野缺损、后囊膜下白内障、继发性真菌或病毒感染。

这里还要强调的是，人工化学合成的激素类药物，激素成分含量相对较高，容易在人体积存，原则上应尽量小剂量、短疗程治疗。长期大量滥用这些激素药物，轻则可能对激素产生依赖性，重则可能直接威胁到病人生命，千万切记要谨慎使用！

十四、 蜂王浆中的激素及含量

蜂王浆是青年蜜蜂食用蜂蜜、蜂粮后分泌的一种乳状物，此乳状物就像哺乳动物的乳汁，极具营养价值和免疫功能。科学实验证明，蜂王浆中的激素含量远远低于大部分动物性食品。

科学研究表明，激素在日常动植物食品中普遍存在，是食物中正常的生物活性营养成分。动物源食品，如肉、蛋、奶等均含有激素，同样，这种由蜜蜂分泌的天然物质蜂王浆中，也含有极微量的激素类物质。

蜂王浆中所含的激素以倍半萜烯类的保幼激素和胆固醇类的脱皮激素为主。这两类激素物质只对蜜蜂的生长发育有影响，几乎不会对人体的生理有什么特殊作用。除此之外，鲜蜂王浆还含有极微量的肾上腺素、性激素等。

早在 20 世纪 80 年代，北京市农业科学院的研究人员就专门对蜂王浆的激素做过研究，分析结果表明，蜂王浆中含有 3 种与人类生殖相关的性激素，它们分别是雌二醇、睾酮和黄体酮。

　　研究人员对这三种性激素含量测定数据如下：每 1 000 克鲜蜂王浆中性激素含量只有 8.0 微克。其中雌二醇 4.167 微克、睾酮 1.082 微克，黄体酮 1.167 微克，其他激素 1.584 微克。而每单位微克等于百万分之一克，也就是说蜂王浆中性激素含量非常少，甚至可以忽略不计。

　　2000 年，北京市卫生防疫站检测了市场销售的一般性动物源食品中的性激素含量。结果发现，牛肉、猪肉、羊肉、鸡肉、鸡蛋、牛奶等 7 类 17 件样品中 5 种性激素均有检出，且含量是蜂王浆的数十至数百倍！牛、羊肉雌二醇的最大含量是蜂王浆雌二醇含量的 400 倍和 180 多倍，牛奶的睾酮含量是蜂王浆睾酮含量的 100 倍，而经检测，每单位蜂王浆中雌二醇的含量只有鸡蛋的 1/20。同样，中国农业大学检测出的蜂王浆性激素含量平均值也远远低于我国性激素检测标准的下限。

蜂王浆中的激素来自大自然

每 100 克样本蜂王浆中，各类性激素的含量都只有零点几微克，常常无法检出。相比之下，我们日常所食用的肉、蛋、奶等食材，每 100 克样本通常都含有几毫克的各类性激素，是蜂王浆的数百倍——看起来是否很反直觉？

有专家调侃说："如果您惧怕蜂王浆'痕量'的性激素含量损害健康，那最好就是将自己的嘴封起来，什么动物性食品也别吃了！"

可以肯定地讲，蜂王浆中所含的天然激素对消费者不会产生任何不良影响。

十五、 蜂王浆中的激素对人体健康的影响

有的人大有谈激素色变的感觉，在选用营养品之前也不会忘记问一下它是否含有激素，例如：蜂王浆含激素吗？长期服用蜂王浆是否会对身体健康产生负面影响？

殊不知，激素在我们的生命活动中扮演着重要的角色，生命依靠激素而存在，人体健康更需要激素来维系。人的健康离不开激素，除了自身合成激素外，还需不断从摄取的食物中补充激素，以维持机体的正常功能。

科学地讲，激素是内分泌代谢和生理代谢必不可少的物质。它对人体的生长发育、新陈代谢及体内细胞的各种活动起着重要的作用。人体必须保持适当数量的激素，才能维持人体的健康与活力。如果体内激素水平下降，可能会导致内分泌代谢紊乱、免疫力下降、性机能失调、神经官能症、更年期综合征、风湿病等，例如，侏儒症往往是由于生长激素的缺失所导致的；女性到了更年期，由于性激素分泌减少或停止，往往会引起许多生理变化，最典型的当数更年期综合征。

据上海医学院中山医院刘泽民等测定，每 1 000 克蜂王浆

中激素的含量为：17—酮固醇 1.10 微克，17—羟固醇 4.10 微克，去甲肾上腺素（可分泌微量的孕激素）1.18 微克，副肾上腺素 2.00 微克。以上均为孕激素，为黄体酮，口服后会在胃肠道和肝脏内被迅速破坏，生物利用度低；注射有效。但人工合成的可口服生效。

人体需要补充天然激素，作为天然营养食品的蜂王浆则是上佳选择。适量补充微量天然激素，对人体的健康大有裨益。

蜂王浆含有大量丰富的营养物质，既能起到强化身体整体机能、延缓衰老的作用，也为身体激素的合成提供了充足而丰富的营养，这在某种程度上等于弥补了激素的缺乏。同时，蜂王浆含有微量的天然激素类物质，能激活细胞活力、调节生理功能和物质代谢、抑制机体功能失调、促成某些器官生理变化等。丰富的天然活性肾上腺素，可调整性激素的分泌，是促进性激素分泌的纯天然无污染食品。有助于人恢复青春活力。显然，这些是任何人工合成激素所不能比拟的。

临床研究证明，鲜蜂王浆中含有的激素对更年期综合征、性功能减退、风湿痛、神经系统疾病、不孕不育症等有一定效果。在临床上都收到令人满意的效果。对延缓衰老以及调解内分泌紊乱，辅助治疗更年期综合征和性机能下降等，都起到一定的作用。

蜂王浆可以通过大用量使用来治疗相应的性机能障碍，如利用雌性激素抑制前列腺癌、利用雄性激素抑制乳腺癌等。

蜂王浆无毒副作用，对身体很安全。即使按较大的剂量计算，成年人每天服用 20 克鲜蜂王浆，一个月吃 600 克的蜂王浆也只能补充 4.8 微克性激素，还不到国际公认的此类性激素最低安全量的 0.1％。如果要使补充的性激素超过这一安全量，则每月需要吃 875 千克的鲜蜂王浆。因此，不管您怎样大剂量（一日食用 500 克）地服用鲜蜂王浆，里面的性激素都不可能超标，更不会对您的身体健康造成危害，并且停止服用蜂王浆后人体也不会出现性激素不平衡的现象。

总之，蜂王浆中含有微量天然激素，其种类和含量对人体健康均有益无害，是天然激素的补充物，可以放心长期服用。

十六、 蜂王浆中的激素对女性健康有影响吗

关心妇女，关爱儿童，向来就是全社会倡导的美德，正因为如此，一些别有用心的人，经常会利用大众的这种心理来炒作一些东西，蜂王浆就是其中最典型的例子之一。

近些年来，国内一些报纸、杂志、电视、网络等媒体，假借一些非专业的"伪专家"的名义，对蜂王浆进行不实报道，少数"专家"认为蜂王浆中含有激素，公开宣称"某某专家说，蜂王浆中含有大量激素，女性食用会导致乳腺增生，会得子宫肌瘤、乳腺纤维瘤，甚至乳腺癌等"，还有"女孩食用蜂王浆出现性早熟"等耸人听闻的消息。舆论上一度谣传所谓的蜂王浆"激素论"，完全误导了不明真相的消费者，造成重大的社会影响，导致部分蜂王浆消费者心存疑虑、不敢食用，严重扰乱了蜂王浆正常的市场秩序，阻碍了蜂王浆产业的健康发展。

谣传不可怕，可怕的是我们被谣传误导。我每次看到这样的报道，都感到无比悲哀和十分气愤！悲哀的是，一些所谓的专家不懂装懂，一些媒体为吸引公众眼球而置道德、责任于不顾；气愤的是，这种虚假的宣传竟影响了许多人，一些消费者受到某些媒体或者伪专家的误导，一些未曾食用过蜂王浆的人产生误解、恐惧，谈蜂王浆色变，一些正在食用蜂王浆的消费者受到谣传的蛊惑，开始产生怀疑、甚至放弃，无论对消费者的健康或经济都会带来不小的损失。

一位母亲在网上发布了这样的帖子：我女儿上初三了，经常感冒，抵抗力低。我看到一本书上介绍了蜂王浆的功效，感觉非常适合我女儿，就想买点给孩子补补。可看到有媒体报道说，孩子不能喝蜂王浆，因为里面含雌激素，会引起性早熟和肥胖。我疑惑了，想请大家帮助指点！

那么，蜂王浆的激素到底会不会对女性的生理和健康会造成不良影响呢？让我们用科学和事实来加以说明。

研究表明，蜂王浆里的天然激素主要有保幼激素、17-酮固醇、17-羟固醇、雌二醇、睾酮、黄体酮、肾上腺素、氢化可的松、类胰岛素激素等，且含量很少，可谓"痕量"，用一般的设备都无法检出。我们用更先进的高灵敏度现代化检测设备对蜂王浆加以分析，结果表明，蜂王浆激素的含量只有 8.0 微克/千克，真是微乎其微。

一般来说，一个成年女性每日需要补充以上各种性激素 160.0～230.0 微克，和这个数值相比，蜂王浆的激素含量根本不值一提，换句话说，蜂王浆对女性的健康是绝对安全的。

前面我们讲过，动物源性食品，如牛肉、猪肉、羊肉、鸡蛋、牛奶等，性激素的含量比鲜蜂王浆高几十到上百倍，有时我们对这些食物一日的摄入量可能是鲜蜂王浆的好多倍。吃一个鸡蛋至少 50 克，喝一袋鲜牛奶至少 250 克，而每日食用蜂王浆的量仅 5～10 克，如果说女性天天食用比蜂王浆激素含量高出那么多倍的肉、蛋、奶产品都不导致肥胖、不得乳腺癌、子宫肌瘤，那么，蜂王浆那点微乎其微的激素含量还会对女性产生副作用吗？如果食用蜂王浆真的存在患"乳腺增生""子宫肌瘤"的风险，那吃这些激素含量如此高、食用量如此大的食品，风险性岂不更大吗？

研究表明，蜂王浆性激素含量甚微，每 100 克样本中各类性激素的含量都在微克级，可谓"痕量"，有时甚至用先进的仪器设备也常常无法检出。如果用性激素治疗疾病，每次的用量约为2毫克，那么每次需食用蜂王浆250千克才能达标，显然这是任何人都做不到的。更何况，口服含有性激素的产品会在肠内或肝内被分解，必然导致作用下降或失效。所以，医学上许多激素类药物都是通过注射来使用的。

此外，我们知道，蜜蜂是典型的社会性昆虫，分泌的蜂王浆所含的各种激素与人类的性激素有天壤之别，在功能上也完全不同，或者说对人体的作用不大。

2002年3月—2003年4月，江苏省疾控中心流行病学调查结果表明，服用蜂王浆没有对妇女乳腺癌的发生产生影响。北京天坛医院主任医师王群曾说过："蜂王浆的激素含量是很低的，而且含有一定的激素未必对人体就有害。"

国外研究显示，世界上食用蜂王浆最多的国家是日本，而日本的女性乳腺癌发病率不仅远低于欧美国家，而且还低于世界发达国家女性乳腺癌发病率的平均水平。因此，至今为止，尚没有科学证据证明"服用蜂王浆与女性乳腺癌的发生有关"。

事实是，女性随着年龄的增长或更年期的到来，性激素分泌量迅速下降，绝经后，雌激素和孕激素几乎降为零，导致女性代谢紊乱，身体越发衰弱，常常出现心烦、脾气大、忽冷忽热等各种症状，许多慢性疾病接踵而来，甚至会因此患上心脏病、骨质疏松等疾病，如果去医院检查，医生会给开少量雌激素药物，以此缓解这些症状。过去认为长期大量补充人工合成雌激素会致癌，现在，人们发现：少量补充雌激素、孕激素等，不但不会致癌，还会对子宫有很好的保护作用，所以，现在越来越提倡更年期后，女性应补充少量雌激素和孕激素，以此调节生理功能，激活和抑制某些器官生理变化，一方面获得健康和美丽，另一方面能预防和缓解女性更年期症状。

　　纯鲜蜂王浆被营养学家誉为理想的纯天然滋补品，因其效果较好，而倍受国内外广大消费者的青睐。尤其是日本人，健康意识很强，对保健食品的安全性要求也很高，他们崇尚蜂王浆和蜂胶等蜂产品。在过去的近 40 年里，日本人每年消费全球 50％以上的鲜蜂王浆和蜂胶，其寿命一直排在全球前列。更有人发现，经常食用蜂王浆的日本女性也很少会出现更年期综合征。与国内形成鲜明对比的是，我从未看到过日本专家、消费者质疑蜂王浆的负面报道！

　　国内外蜂产品界和医学界的研究已经证明，在通常情况下食用纯鲜蜂王浆不会给女性带来肥胖、致癌等健康风险。

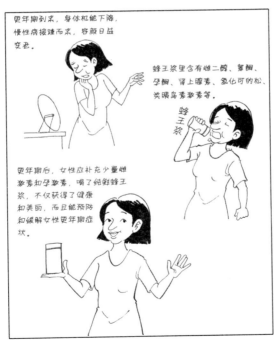

到了更年期，常食蜂王浆，既能有效预防和缓解更年期综合症，又能获得健康和美丽

十七、 蜂王浆可能存在五类看不见的有害物质

我认为，无论大家购买蜂产品还是其他营养产品，目的只有一个，就是防病治病，强身健体。既然如此，选购产品时就得三思而后行。

非正规厂家生产的蜂王浆产品，可能含有许多有害物质，如致病微生物、农药残留、食品添加剂、抗生素、重金属超标等，别说是普通的消费者通过眼看、鼻闻、口尝、手摸等判断不出，即使是专业人士也难以通过感官分辨出来。表面上看似价格便宜，实则有可能隐藏着巨大的风险，稍有不慎就会上当受骗。

1. 微生物超标 《中华人民共和国标准——蜂王浆》明确规定，卫生指标中不得检出包括大肠杆菌、致病菌等，杂菌菌落总数（个/克）≤300，霉菌总数（个/克）≤100，酵母菌（个/克）≤300。

如果上述各种菌群超标，会导致产品霉变或引起发酵腐败。在机体免疫力降低、肠道长期缺乏刺激等特殊情况下，大肠杆菌就会兴风作浪，移居到肠道以外的地方，如胆囊、尿道、膀胱、阑尾等地，造成相应部位的感染或全身播散性感染。因此，大部分大肠杆菌通常被看作机会致病菌。

2. 抗生素超标 蜂产品因具有极高的营养价值和药用价值而颇受广大消费者的青睐。然而，抗生素类药物的过量使用或使用不当对人体健康有害。

2002年春，欧盟以抗生素超标为由，停止从我国大陆进口动物源性食品（包括蜂蜜、蜂王浆），日本和美国等也相继对我国大陆蜂产品出口提高了抗生素的检测标准。这里有欧盟对我国进入WTO后采取的"绿色壁垒"因素，但也反映出国

内部分蜂农用药不规范，滥用抗生素等现象。在春秋季节，有的蜂农为了防止病虫害的发生，在消毒过程中使用氯霉素等违禁药品，从而造成蜂王浆、蜂蜜等产品抗生素超标。

氯霉素是一种广谱抑菌剂。《动物性食品中兽药高残留限量》（农业部公告第 235 号）中将氯霉素列入禁止使用且不得在动物性食品中检出的药物。长期大量食用氯霉素残留可能引起肠道菌群失调，导致消化机能紊乱。

3. 农药或兽药残留物超标　通过对多地蜂王浆样本进行测定分析，发现蜂王浆中可能含有恩诺沙星、环丙沙星、诺氟沙星、氧氟沙星、双氟沙星、氟甲唑、沙拉沙星、司帕沙星、丹氟沙星、氟罗沙星、马波沙星、依诺沙星、奥比沙星、吡哌酸等 17 种喹诺酮残留物。可能含有敌敌畏、甲胺磷、灭线磷、甲拌磷、乐果、甲基对硫磷、马拉硫磷、对硫磷、喹硫磷、三唑磷、蝇毒磷等 11 种有机磷农药残留物以及联苯菊酯、甲氰菊酯、高效氯氟氰菊酯、氯菊酯、氟氯氰菊酯、氯氰菊酯、氟胺氰菊酯、氰戊菊酯、溴氰菊酯等 9 种菊酯类农药残留物。

在蜂王浆中，上述任何一种农药含量超标，都可能对我们健康造成不良影响，严重时可能危及消费者的生命安全。因此，国家市场监管总局明文规定，蜂王浆中不得检出农药残留物。

4. 重金属含量超标　空气、土壤等环境因素，以及养蜂人饲喂蜜蜂的饲料中某些重金属含量超标，会导致蜂王浆中重金属铅、汞、砷等超标，严重影响蜂王浆的品质和效果。

5. 食品添加剂　自 2009 年 1 月 1 日起，我国已开始实施新的蜂王浆国家标准。新标准指出，"今后，蜂王浆中将不得人为添加任何成分"。存在人为添加成分的蜂王浆产品将一律不得销售。然而，行政执法部门在对市场上的蜂王浆进行抽检后，发现依然有蜂王浆产品掺加了别的成分，还有的蜂王浆产品防腐剂含量超标。

上述五大类含隐形有害成分的蜂王浆或其制品，仅凭我们的感官是无法判断的，只有专业的检测人员用先进的仪器设备才能检测出来。曾经有一些贪图便宜的消费者购买了蜂王浆产品，吃出了各种各样的问题，有的产品卫生条件不达标，致病微生物超标，吃后引起胃痛、腹泻等；有的药物残留、重金属超标，长期食用不仅无法带来健康，反而导致癌变等，有的消费者食用了超标添加防腐剂、增白剂等的蜂王浆产品，出现了生理功能紊乱的现象。

在此，我想提醒大家，上述五大问题产品，往往以低价为诱饵，使消费者上当受骗。聪明的消费者，您应该能算清这个账。购买了上述这样便宜的蜂王浆产品，本是为了身体健康，结果却带来了健康风险，买产品花了钱，生病后又要花钱，此真乃"偷鸡不成蚀把米"。

一定要选购正规厂家的产品，坚决不要随意购买没有合法资质的廉价"三无"产品。

大家想一想，正规的厂家不仅有严格的工作流程和管理制度，而且有干净的生产环境、专业的检测人员和设备，更重要的是，它还受到工商、卫生、质检等行政部门的监督管理。虽然加工制作产品的成本提高了，价格也高了，但这相当给您所购的产品加了一个保险，买得放心、吃得更放心。